T0129950

Was alles hinter Namen steckt

Bruno P. Kremer · Klaus Richarz

Was alles hinter Namen steckt

Teufelszwirn und Beutelteufel –
kuriose, merkwürdige und
erklärungsbedürftige Namen
unserer Lebewesen

 Springer

Bruno P. Kremer
Wachtberg, Deutschland

Klaus Richarz
Lich, Deutschland

ISBN 978-3-662-49569-8   ISBN 978-3-662-49570-4 (eBook)
DOI 10.1007/978-3-662-49570-4

Die Deutsche Nationalbibliothek verzeichnet diese Publikation in der Deutschen Nationalbibliografie; detaillierte bibliografische Daten sind im Internet über http://dnb.d-nb.de abrufbar.

Planung: Stefanie Wolf

Gedruckt auf säurefreiem und chlorfrei gebleichtem Papier.

Springer ist Teil von Springer Nature
Die eingetragene Gesellschaft ist Springer Berlin Heidelberg

Organismen und ihre Namen
– eine kleine Umschau

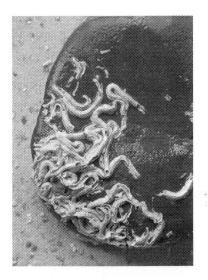

Die gesprochene wie die geschriebene Sprache ist gleichermaßen ein wunderbares und zudem vielseitiges, weil vermutlich unerschöpfliches Verständigungsvehikel. Wie sonst wäre es zu erklären, dass wir für die (für viele Mitmenschen leider eher nebensächlichen) Erscheinungen aus unserer belebten Umwelt eine Vielzahl konkret-eindeutiger Begriffe haben und die sehr vielen Lebewesen mit einem eindeutigen Namen belegen können? Die Dinge beim (passenden bzw. richtigen) Namen zu nennen, heißt konsequenterweise Klartext zu reden. Im Sinne einer eindeutigen Verständigung in allen wichtigen Aktionsbereichen des Alltags ist das ein absolut nachvollziehbares Erfordernis. Insofern sind Namen auch und gerade für Lebewesen durchaus nicht nur flüchtiger Schall und Rauch, sondern wichtige Bedeutungsträger, unentbehrliche Verständigungsmittel und zudem ein bemerkenswertes Kulturgut.

Mit den Namen für Pflanzen, Pilze, Tiere und noch ganz andere Lebewesen ist das jedoch so eine Sache: Manche sind selbsterklärend, wie Pfingstrose und Rotkehlchen, und andere kennt man einfach, wie Rosskastanie oder Kohlmeise, obwohl auch darin die einzelnen Namensbestandteile in ihrer Bedeutung durchaus fragwürdig sein können. Was verbindet denn bloß den formschönen Kastanienbaum mit den schnaubenden Rössern, und welcher Art sind die Beziehungen der Meise zum Kohl? Oft kann man sich unter den verwendeten Namen etwas vorstellen, aber die darin enthaltenen Begriffe sind nicht zu erklären, weil sie als Wort im heutigen Sprachgebrauch einfach nichts bedeuten. Das liegt teilweise daran, dass viele an sich vertraut klingende Namen für Lebewesen in ähnlichem Lautbestand bereits aus dem Alt- oder Mittelhochdeutschen überliefert sind, beispielsweise Ahorn, Hasel, Hederich oder Möhre. Auch Diptam, Dost und Odermennig kennt man eventuell, aber die Namen sind ohne das Bild der zugehörigen Pflanze oder deren nähere Erläuterung bedeutungsleer und einfach nicht zu übersetzen. Fallweise sind sie sprachlich auch noch so verschliffen, dass sich ihre traditionsreiche Herkunft nur noch mühsam, auf Umwegen oder gar nicht mehr erschließen lässt – so etwa bei der Walnuss, die einmal Welschnuss hieß, weil sie aus den „Welschlanden" Italien bzw. Südfrankreich stammt, oder beim Seehund, der so gar nicht wie ein Hund aussieht. Seine Bezeichnung leitet sich vom althochdeutschen *selah* = Robbe (vgl. dazu das englische *seal*) ab. Der Name des weitverbreiteten Waldbaumes Kiefer entstand aus der starken Verkürzung von Kien (= Zapfen) und Föhre, einem zwar weniger populären, aber immerhin noch bekannten Namen für diese Gehölzgattung. Der Bussard leitet sich aus dem althochdeutschen *musari* her, was so viel wie Mäuseaar (Aar = Adler) bedeutet. Die Artbezeichnung Mäusebussard wäre damit sogar eine Begriffsdoppelung. Bei manchen Namensgebungen kann man sich unter dem so bezeichneten Lebewesen durchaus etwas Konkretes vorstellen. Beispiele sind Bombardierkäfer, Florfliege, Mörtelbiene oder Zitronenfalter. Auch beim Apfelwickler oder Dreikantwurm stellt sich eine zumindest diffuse Vorstellung von der verwandtschaftlichen Gruppenzugehörigkeit der betreffenden Art ein. Aber in anderen Fällen steht man doch ganz schön im Nebel. Haben Sie je von Federgeistchen, Haarschwanz oder Vierfleck gehört? Und was ist mit Venusnabel, Wachsrose oder Wendeltreppe? In solchen Fällen ist für die besonders Neugierigen jeweils eine gezielte Aufklärung angesagt (Tab. 1).

Immerhin: Die Beschäftigung mit den Namen heimischer oder anderer Lebewesen kann zu spannenden Ausflügen in die Kultur- respektive Sprachgeschichte ent- und verführen. Die Namen für die Lebewesen haben oft auch ihre kuriosen bzw. spaßigen Seiten, gerade weil sie mitunter Verständnisprobleme erzeugen und damit zuverlässig auf begriffliche Irrwege locken. Solche Blockaden ergeben sich gewöhnlich aus den gerade in der deutschen Sprache nahezu unerschöpflichen Möglichkeiten zur Bildung mehr- oder vielgliedrig zusammengesetzter Hauptwörter, über die sich seinerzeit bereits Mark Twain (1835–1910) im Anschluss an seine Deutschlandreise (1878) ziemlich erfrischend, aber heftigst mokierte. Solange nur zwei Begriffe gekoppelt werden, bleibt die Begriffsbildung noch einigermaßen übersichtlich, etwa bei der Verbindung eines Tiernamens mit einer Pflanzenbezeichnung, die einen völlig neuen

Tab. 1 Wer gehört wohin? Würden Sie diesen Test bestehen? Aber: kein Grund für Depressionen! Auch professionelle Biologen scheitern hier. Die Auflösung finden Sie im Anhang des Buches. Übrigens: Alle benannten Arten könnten durchaus in Ihrem Garten auftauchen

Deutscher Name	Wissenschaftlicher Name	… ist ein(e)
Ameisenjungfer	*Myrmeleon formicarius*	
Bienenwolf	*Trichodes apiarius*	
Blumenbock	*Clytus arietis*	
Brauner Mönch	*Shargacucullina verbasci*	
Eisvogel	*Limenitis camilla*	
Federgeistchen	*Pterophorus pentadactylus*	
Flechtenbär	*Atolmis rubricollis*	
Goldafter	*Euproctis chrysorrhoea*	
Grasglucke	*Euthrix potatoria*	
Haselblattroller	*Apoderus coryli*	
Kupferglucke	*Gastropacha quercifolia*	
Lappenrüssler	*Otiorhynchus sulcatus*	
Laternenträger	*Dictyophara europaea*	
Lilienhähnchen	*Lilioceris lilii*	
Mauerfuchs	*Lasiommata megaera*	
Mondvogel	*Phalera buccephala*	
Ochsenauge	*Maniola jurtina*	
Regenbremse	*Haematopota pluvialis*	
Saftkugler	*Glomeris marginata*	
Taubenschwänzchen	*Macroglossum stellatarum*	
Thymianwidderchen	*Zygaena purpuralis*	
Totengräber	*Necrophorus vespilloides*	
Warzenbeißer	*Decticus verrucivorus*	
Zackeneule	*Scoliopteryx libatrix*	

und dann jedoch in gewissem Maße erklärungsbedürftigen Pflanzennamen entstehen lässt: Bärenschote, Hundspetersilie, Katzenminze oder Rosskümmel sind solche seltsamen zoologisch-botanischen Verquickungen. Auch begriffliche Umkehrungen mit pflanzlich-tierischen Wortbestandteilen (in dieser Reihung) kommen vor: Die Zusammensetzung je einer Pflanzen- und einer Tierbezeichnung ergibt dann einen gänzlich neuen Tiernamen, so etwa Birkenzeisig, Kartoffelkäfer oder Lindenschwärmer. Auch gleichsam „sortenreine" Herkünfte sind reichlich vorhanden: Aus zwei Pflanzennamen entstanden beispielsweise Buchweizen, Kirschlorbeer und Kohldistel, aus zwei Tiernamen die durchaus kurios erscheinenden und nicht unbedingt verständlichen Begriffschimären Entenmuschel, Flohkrebs und Käferschnecke. Wenn man die so benannten Arten tatsächlich nicht kennt, ist die Verwirrung garantiert. Mitunter sind solche Artnamen sogar missverständlich, weil zumindest ein Namensbestandteil im bürgerlichen Sprachgebrauch eine gänzlich andere Bedeutung hat. Kann der Zitronenfalter nun wirklich Zitronen falten oder der Apfelwickler …? Ein Schoßhund sitzt dem Vernehmen nach gerne auf Frauchens Schoß, aber ein Schäferhund? Vollends auf dem Glatteis landet man, wenn nicht nur zwei, sondern eine ganze Kette von für sich genommen selbsterklärenden Begriffen zu komplexen Artnamen zusammengefügt werden. Wer kann sich denn etwas unter der „Gesackten Schrotschussflechte" vorstellen? Diese Art gibt es wirklich, aber solche Namen sind irgendwie unhandlich und beinahe ohne jeden Sinn. Noch dramatischer stellt sich die Sache dar, wenn die vermeintlich einfachen Namen so gar nicht halten, was sie versprechen. Der Hexenbesen taugt nicht für Hobbyflieger, der Neuntöter ist kein Serienmörder und der Ziegenmelker kein Landwirtschaftsspezialist. Gerade solche kurios bis seltsam anmutenden deutschsprachigen Namen haben wir für dieses Buch gesammelt und gesichtet, um ihrer oft erstaunlichen bzw. tatsächlichen Bedeutung nachzugehen.

Obwohl sie hier ausdrücklich nicht im Vordergrund stehen, sind auch die wissenschaftlichen Artnamen ein kulturhistorisch außerordentlich aufschlussreiches und interessantes Feld. Bis heute verwendet die Biologie die in der Fachwissenschaft seit über 250 Jahren übliche zwei- und mitunter mehrteilige Benennung von Pflanzen, Pilzen, Tieren sowie allen übrigen Organismen mit konzisen Wortelementen aus der lateinischen und/oder griechischen Sprache, aber recht gerne auch mit Namen erinnerungswürdiger Zeitgenossen. Mit der solcherart vorgenommenen Namensgebung für die aparte südafrikanische Paradiesvogelblume *Strelitzia*, die eigenartigerweise zur Wappenblume von Los Angeles avancierte, fühlte sich ihre Durchlaucht Charlotte Prinzessin von Mecklenburg-Strelitz vermutlich durchaus geschmeichelt. Bei der Tannenwurzellaus *Pemphigus poschingeri*, die nach einem österreichischen Forstbeamten benannt wurde, mögen dagegen Zweifel erlaubt sein. Begonnen hat diese besondere Art von Personenkult mit dem schwedischen Naturforscher Carl von Linné (1707–1778). Er erfand um 1750 die heute allgemein übliche zweiteilige (binäre) Benennung der Lebewesen, die sich jeweils aus einem den antiken Sprachen entnommenen Gattungsnamen und einem die Art kennzeichnenden Zusatz (Epitheton) zusammensetzt.

In seinem berühmten Werk „Species plantarum" benannte und beschrieb Linné alle damals bekannten rund 5900 Pflanzenarten. Damit stand er verständlicherweise vor dem Problem, eine genügend umfangreiche Auswahl von Begriffen zur Verfügung zu haben. Wo immer es möglich war, wählte er die schon bei den antiken Autoren wie Theophrast, Dioskurides oder Plinius verwendeten Namen, beispielsweise *Cyclamen* für Alpenveilchen oder *Lamium* für Taubnessel. Eine überaus reichhaltige Fundgrube für wohlklingende Namen bot ihm die griechische Sagenwelt. Vom zyprischen Frühlingsheros *Adonis* über *Artemis(ia)*, *Daphne, Dryas, Hebe, Herakles/Heracleum, Merkur/Mercurialis, Paion/Paeonia* und *Paris* bis zu *Tages/Tagetes* verzeichnet die aktuelle wissenschaftliche Namensgebung fast die gesamte Palette prominenter, aber sagenhafter Herkünfte und Zuständigkeiten. Auch für die Tierwelt griffen Linné und viele Beschreiber nach ihm auf die heute seltsam anmutenden Mythen der Antike zurück. *Aphrodita* ist jetzt ein (zugegebenermaßen sehr hübsch anzusehender) Meeresringelwurm, *Cassiopea* eine Qualle, *Doris* eine Meeresschnecke, *Iphimedia* ein Kleinkrebs, *Maja* eine Seespinne, *Pelops* eine Milbe und *Venus* eine Muschel. So lässt tatsächlich jedes Gattungsregister einer Flora oder Fauna ganz unversehens in die verschrobenen Sagenwelten des Altertums abtauchen.

Schließlich nahm Linné auch erwähnens- oder erinnerungswerte Persönlichkeiten ins Visier. Bescheiden, wie er war, berücksichtigte er dabei zunächst einmal sich selbst – das mit dem Holunder verwandte Moosglöckchen (*Linnaea borealis*) muss ihm besonders am Herzen gelegen haben. Dann waren verdiente frühere Kollegen an der Reihe. Die schon damals in Europa bekannte südamerikanische *Brunfelsia* benannte er nach dem pflanzenkundigen Mainzer Pfarrer Otho Brunsfels (1488–1534). Mit *Fuchsia* erinnerte er an den Tübinger Botaniker Leonhart Fuchs (1501–1566) und mit *Lonicera* (Heckenkirsche) an den Frankfurter Arzt und Mathematiker Adam Lonitzer (1528–1586). Auch alle seine Schüler von Clas Alströmer (*Alstroemeria*) bis Carl Peter Thunberg (*Thunbergia*) erhielten einen eigenen Gattungsnamen. Im gärtnerischen Bereich ist das generell bis heute so geblieben. Bei den wissenschaftlichen Sortenbezeichnungen finden sich mitunter Wortansammlungen, mit denen man selbst Fachleute in Verlegenheit bringen könnte. Eine Kostprobe für dieses gelegentlich als etwas ausufernd empfundene Tun der Gartenbotaniker wäre etwa *Brassica oleracea* subspecies *oleracea* convarietas *botrytis* varietas *italica* – als wissenschaftliche Bezeichnung nach den gültigen, international vereinbarten Benennungsregeln zwar völlig korrekt, aber für den Alltagsgebrauch zugegebenermaßen ein unerträglicher Silbenschleppzug, der jeden

(Hobby-)Koch total abschrecken müsste, fände er ihn tatsächlich genauso in seiner Kochliteratur vor. Zum Glück geht es auch wesentlich einfacher: Das zitierte Beispiel ist die gartenbaufachliche Umschreibung für die aus dem Italienischen abgeleitete Bezeichnung Brokkoli, die in dieser sprachlichen Verpackung ebenso locker von der Zunge geht wie eine gelungene Zubereitung …

Die Liste der auch in nachlinnéscher Zeit von den Biologen in Artnamen verewigten Personen ist bemerkenswert lang. Bei *Darwinia, Goethea* oder *Franklinia* ist der Bezug noch klar. Bei anderen kann man die Namenswahl nur auf Umwegen oder mit einem detaillierten Lexikon klären. Der Blutrote Seeampfer *Delesseria*, eine überaus schmucke Meeresrotalge (auch in der Nordsee), trägt den Namen eines reichen Pariser Bankiers, der seinerzeit die marinen Wissenschaften generös förderte. Die imposante pazifische Braunalge *Postelsia*, benannt anlässlich einer von Zar Nikolaus beauftragten Expedition an die Pazifikküsten Nordamerikas, ehrt den bedeutenden deutschen Pflanzenmaler Alexander Philipp Postels. *Molinia* (Pfeifengras) erinnert an einen spanischen Missionar, *Matteucia* (Straußfarn) an einen italienischen Unterrichtsminister. *Hagenia*, ein tropischer Regenwaldbaum, bewahrt den Namen eines preußischen Chemikers, *Kickxia* (Tännelkraut) den eines belgischen Apothekers, und für *Sequoia* (Mammutbaum) stand gar ein Cherokee-Häuptling Pate.

Der Brauch, auch memorable zeitgenössische Personen in den Namen neu beschriebener Organismenarten festzuhalten, dauert an. Eine in der UNESCO-Weltnaturerbestätte Grube Messel bei Darmstadt gefundene Schlange heißt *Palaeopython fischeri*, ausdrücklich benannt nach Joschka Fischer, seinerzeit hessischer Umweltminister – er hat sich immerhin erfolgreich um die Unterschutzstellung der einzigartigen „Fundgrube" Messel bemüht. Das Fossil ist im Senckenbergmuseum in Frankfurt zu bewundern. Eine Meeresschnecke trägt – aus welchen Gründen auch immer – den wissenschaftlichen Artnamen *Bufonaria borisbeckeri*, eine in der Danziger Bucht neu entdeckte Kieselalge heißt jetzt *Fragilaria guentergrassi*. Der Spinnenforscher Peter Jäger hat über 80 von ihm überwiegend in Asien neu entdeckte Krabbenspinnenarten unter anderem nach Größen aus der Pop- und Rockszene benannt (sprachlich aber leider nicht ganz korrekt …), darunter *Heteropoda davidbowie, H. udolindenberg* oder *H. ninahagen*. Die Kabarettisten Dieter Hildebrandt und Mathias Richling sind in dieser Gattung übrigens auch vertreten.

Weitere sprachliche Anleihen verwenden interessanterweise keine Personennamen, sondern Zitate. Der britische Entomologe George Kirkaldy führte für Wanzen die neue Gattung *Peggichisme* („Peggy kiss me") ein, sein Kollege Arnold Menke für einen überraschend entdeckten Bodenkäfer den Artnamen *Aha ha*. Selbst Humphrey Bogarts legendärer Satz im Kultfilm Casablanca „Here's looking at you" („Schau mir in die Augen, Kleines") taucht, phonetisch fast zur Unkenntlichkeit umgebaut, im wissenschaftlichen Namen der Fliege *Heerz lukenatcha* auf.

Interessanterweise verwendet die Umgangssprache etliche begriffliche Anleihen fast nur bei den Tiernamen zum Zwecke zärtlicher Umschreibungen (Bärchen, Lämmchen, Mäuschen …), aber auch zur Verstärkung heftiger Dispute (dumme Gans, blöder Hund und größere Kaliber). Die Namen von Pflanzen oder gar Pilzen sind dazu bisher wenig oder noch gar nicht im Einsatz. Deren vermutlich heftige Wirksamkeit wäre eventuell bei einer der nächsten Partys zu testen, die in öde Langeweile abzugleiten droht. Geeignete Erprobungsmunition bietet etwa die folgende Selektion real existierender Pflanzennamen wie Hexenbesen, Klappertopf, Krummhals oder Nachtschatten sowie die nun so gar nicht mehr homöopathisch dosierten Artbezeichnungen für heimische Pilze wie Saftling, Schleimkopf, Schneckling, Stinkschwindling bzw. Wirrkopf.

Lassen Sie sich also mit den ausgesuchten und keineswegs erschöpfend behandelten Fallbeispielen in den folgenden Kapiteln in die bemerkenswert interessante Welt ausgesucht kurioser bis skurriler Namen für tatsächlich existierende Lebewesen entführen. Auch die nach ihrem Selbstverständnis seriöse Wissenschaft holt sich bei der Namensfindung ihre Anregungen aus fallweise recht entlegenen Winkeln unserer Kulturgeschichte.

Abbildungsverzeichnis

Bellmann, Heiko (über Frank Hecker)

- Kap. 1 *Augentrost, Hängender Mensch*
- Kap. 3 Auftaktbild (Warzenbeißer), *Warzenbeißer*
- Kap. 5 *Feuersalamander*
- Kap. 6 *Wasser-, Teich- und Bachläufer*

Fischer, Eric

- Kap. 6 *Rindergämse*

Gosselck, Fritz

- Kap. 5 *Alpenstrandläufer*

Hecker, Frank

- Kap. 1 *Blutauge*
- Kap. 2 Auftaktbild (Tagpfauenauge), *Goldauge, Neunauge, Pfauenauge, Schwalbenschwanz*
- Kap. 3 *Dompfaff, Steinwälzer, Totengräber*
- Kap. 4 *Erdstern, Ordensband*

Limbrunner, Alfred

* „Umschau" am Buchanfang (Seehund)
* Kap. 1 *Adlerfarn, Aronstab, Fichtenspargel, Frauenschuh, Fuchsschwanz, Hexenbesen, Königskerze, Krebsschere, Sonnentau, Türkenbund, Wasserfeder*
* Kap. 2 *Dickfuß, Goldafter, Langohr, Mausohr, Schweinsohr, Seidenschwanz*
* Kap. 3 *Admiral, Gottesanbeterin, Neuntöter, Schwarze Witwe, Ziegenmelker*
* Kap. 4 *Bitterling, Posthörnchen*
* Kap. 5 *Ameisenlöwe, Bücherskorpion, Grasmücke, Kleiner Fuchs, Krabbenspinne, Wiesenweihe*
* Kap. 6 *Hallimasch, Schmutzgeier, Siebenschläfer, Vielfraß, Zilpzalp*

Merz, Thomas

* Kap. 2 *Riemenzunge*

Müller, Walter

* Kap. 1 *Klappertopf*
* Kap. 2 *Judasohr*
* Kap. 3 *Mordwanze*
* Kap. 4 *Feenlämpchen, Kaisermantel*
* Kap. 5 *Russischer Bär*

Nowack, Rainer

- Kap. 1 *Teufelsabbiss*
- Kap. 2 *Blutströpfchen*

Richarz, Klaus

- Kap. 3 *Zebraducker*
- Kap. 5 *Beutelteufel*

Zur Info:

Wikimedia: Kap. 3 *Palmendieb, Spanische Tänzerin*
Scan aus Buch: Kap. 5 *Blaubock*

Inhaltsverzeichnis

1

Groteskes von den Gewächsen

© Springer-Verlag Berlin Heidelberg 2016
B. P. Kremer und K. Richarz, *Was alles hinter Namen steckt*,
DOI 10.1007/978-3-662-49570-4_1

Vielfältig und zuweilen komisch

Außer den bewährten Nutzpflanzen tragen heute zumindest alle rund 3500 in Mitteleuropa vorkommenden Wildpflanzen neben ihrer eindeutigen wissenschaftlichen Bezeichnung auch einen festgelegten deutschen Namen. Das gilt v. a. für die Farne sowie für die Nackt- und Bedecktsamer, die das Gros unserer draußen erlebbaren Flora stellen. Aber schon bei den Moosen dünnt die deutschsprachige Namensgebung heftig aus, obwohl man auch in dieser Verwandtschaft eindeutige Benennungen einzuführen versuchte. Sie misslang aber gründlich: Moose kann man nicht essen, und sie sind zudem arzneilich kaum einsetzbar. Das ließ sie arg in den Hintergrund des Interesses treten. Oder kennen Sie etwa das gar nicht so seltene Einseitswendige Kleingabelzahnmoos (*Dicranella scoparia*)? Den nicht minder interessanten Makro- und Mikroalgen erging es übrigens genauso.

Selbst die heute allenthalben üblichen Namen für die höheren Pflanzen muten den weniger Kundigen nicht selten äußerst kurios an. So finden sich in den etablierten Standardfloren viele erklärungsbedürftige, weil oftmals geradezu grotesk erscheinende deutschsprachige Namen wie Augentrost, Engelsüß, Geißbart, Katzenpfötchen, Kellerhals, Nachtkerze, Natternkopf, Nelkenwürger, Osterluzei, Seekanne, Teufelskralle, Waldvöglein, Wasserstern oder Wolfstrapp. Solche Namen besagen entweder gar nichts oder lenken die Vorstellungen in eine gänzlich falsche Richtung. Mitunter muss man zu ihrer Erklärung sogar tief in die Kulturgeschichte abtauchen, denn tatsächlich verkörpern sie mehrere Schichtlagen aus der abendländischen Kulturhistorie. Eine kleine Auslese aus diesem sprachlich ebenso bemerkenswerten wie kulturgeschichtlich seltsamen Herbarium breiten wir auf den folgenden Seiten vor Ihnen aus.

Adlerfarn – Stilvolles in den Stielen

Bis über 2 m hoch werden die leicht bogig überhängenden Wedelblätter des größten heimischen Farns – zweifellos eine überaus imposante Erscheinung, die sicherlich den Vergleich mit einem stolzen Adler nahe legt. Ob aber der Farn, der den Adler auch im wissenschaftlichen Namen trägt (*Pteridium aquilinum,* von lateinisch *aquila* = Adler), seine Bezeichnung nach den schwingenartig ausgebreiteten Blattfiedern erhielt, erscheint fraglich, denn auch andere großblättrige Waldfarne machen einen durchaus beschwingten Eindruck. Vermutlich geht die Benennung vielmehr auf ein etwas verborgenes Kennzeichen zurück: Wenn man nämlich ein voll entwickeltes Wedelblatt aus dem Boden rupft und den untersten (schwarzbraunen) Teil des verdickten Blattstiels leicht schräg durchschneidet, zeigen die bei den Farnen ohnehin sehr seltsam, weil noch relativ einfach aufgebauten Leitbündel in ihrer Gesamtverteilung das Bild eines Wappenadlers. Zur Zeit der ehrfürchtig wahrgenommenen K.-u.-k.-Donaumonarchie deutete man diese bemerkenswerte Leitbündelfigur gerne als habsburgischen Doppeladler. Im heutigen bürgerlichen Zeitalter genügt sicherlich die Verständigung auf eine einfache, aber dennoch bemerkenswerte heraldische Figur.

Allermannsharnisch – Eine Zwiebel als Lebensversicherung

Dem Knoblauch (*Allium sativum*) sagt man möglicherweise nicht nur in Transsylvanien nach, dass er zuverlässig die nachtaktiven Vampire abwehre. Manche Pflanzen haben in der öffentlichen Einschätzung eben nicht nur arzneilich oder aromatisch hervorstechende Eigenschaften, sondern stehen auch als Zaubermittel in besonderem Ansehen. Das Mittelalter war für solchen Kräuterspuk besonders empfänglich, und viele der den Pflanzen nachgesagten Wunderkräfte gehen auf das aus heutiger Einschätzung dunkle Zeitalter zurück. Die aus dieser Zeit stammende Signaturenlehre oder Zeichensprache der Natur, die immerhin auch noch der seinerzeit berühmte Arzt Paracelsus (1493–1541, eigentlich Theophrastos Bombastus von Hohenheim) vertrat, leitete das (angebliche bzw. vermutete) Einsatzgebiet einer Pflanze aus deren Erscheinungsbild ab; das erklärt beispielsweise so betont körperliche Pflanzennamen wie Leberblümchen, Lungenkraut, Milzkraut oder Zahnwurz.

Auch dem mit Knoblauch, Küchenzwiebel und Schnittlauch engstens verwandten Allermannsharnisch (*Allium victorialis*) sprach man wunderbare Kräfte zu und nannte ihn außerdem Sieg-Lauch (lateinisch *victoria* = Sieg). Seine länglichen Zwiebeln sind von einem dichten Fasernetz älterer Blätter eingehüllt – die mittelalterlichen Kräuterkundigen fühlten sich sofort an ihr Kettenhemd bzw. den Harnisch ihrer tapferen Krieger erinnert. Folglich sollte also ein hieb- und stichfester Schutz für jedermann bestehen, wenn man eine solche Zwiebel als Amulett bei sich trug. Die angebliche Unverletzlichkeit sahen die Pflanzenmystiker auch darin bestätigt, dass der Allermannsharnisch auf den Almen seines alpinen Verbreitungsgebietes vom Weidevieh nicht angeknabbert wird – allerdings wohl eher wegen seines heftigen Geschmacks.

Aronstab – Gefährlich schlüpfriges Parkett

Mit dem aparten Aronstab (*Arum maculatum*) entwickelt sich im Frühjahr am Laubwaldboden eine der sicherlich eigenartigsten heimischen Pflanzen, deren übrige artenreiche Verwandtschaft überwiegend tropisch verbreitet ist: Ein bis zu 30 cm hohes, bleich- bzw. hellgrünes Hochblatt ist an seiner Basis zu einer eiförmig-kugeligen, etwa 1,5 cm breiten Kesselfalle erweitert. Innen ragt ein kräftiger, grünlich roter bis purpurbrauner Kolben auf, der ganz unten im Kessel

breite Ringe mit unscheinbar knotigen Blüten trägt. Dieses
seltsame Gebilde hat die Fantasien mächtig angeregt: Der
ungewaschene Volksmund folgt den Worten eines Kräuterkundigen aus dem 16. Jahrhundert, wonach der Kolben „eine rote gestalt hat wie ein manns rut". Auf dieser delikaten
Linie liegt auch der zunächst unverfänglich jugendfreie englische Name „Lord-and-Lady" für diese Pflanze. Die aka-
demische Variante der Namensdeutung verweist dagegen
auf den biblischen Bericht vom ergrünenden Wanderstab
des alttestamentlichen Hohepriesters Aron, des Bruders von
Moses.

Der fachsprachlich Spadix genannte Kolben des Aronstabs
erwärmt sich durch intensive Atmung und verströmt zudem einen für uns unangenehmen, aber für manche Insekten unwiderstehlichen urinähnlichen Duft. Damit lockt er

zielgenau kleine Fliegen der Gattung *Psychoda* an, die nach der Landung auf der spiegelglatten Innenseite des bleichgrünen Hochblattes erbarmungslos straucheln und augenblicklich in die grüne Kesselfalle abstürzen. Daraus können sie zunächst nicht entkommen, weil der Ausgang mit Reusenborsten versperrt ist. Erst, nachdem sie sich mit Pollen beladen haben, werden sie wieder aus der Haft entlassen, um wenige Augenblicke später eventuell schon wieder den anrüchigen Verlockungen eines anderen Blütenstandes zu erliegen.

Augentrost – Ungemein hübscher Hingucker

Im Vergleich zur grasgrünen Monotonie einer Intensivweide ist eine sommerbunte Blumenwiese zweifellos eine Wohltat für Augen und Gemüt. Unter den zahlreichen Wiesenpflanzen, die ihren Betrachter aufmunternd-vieläugig ansehen, macht eine Art nun ganz besonders schöne Augen: Der Augentrost (*Euphrasia officinalis*) trägt in seinem Blütenzentrum einen farbauffälligen Fleck und rund herum dunkle Striche, die wie verführerisch lange Wimpern aussehen. Dieses aus- und eindrucksvolle Make-up ist ein klares Signal an die Adresse der Blütenbesucher, die über solche visuellen Hilfen schneller den Zugang zu den Nektarvorräten finden sollen.

Nach der mittelalterlichen Signaturenlehre, der sogar noch der berühmte Arzt und Naturforscher Paracelsus (1493–1541) anhing, verrät das Erscheinungsbild einer

Pflanze angeblich ihr Einsatzgebiet als Heilpflanze. Und so hat man aus dem Kraut allerhand Tinkturen gegen Augenentzündungen zubereitet. Neuerdings widmet man dieser Art in der Phytomedizin tatsächlich wieder deutlich mehr Aufmerksamkeit, insbesondere auch in der Tiermedizin.

Wie der Klappertopf ist auch der Augentrost ein Halbschmarotzer: Mit besonderen Saugwurzeln zapft er die Wurzeln anderer Wiesenpflanzen an und zweigt die darin transportierten Stoffströme mit mineralischen Komponenten ab. Gegen die mehrjährige Konkurrenz seiner Wirte ist er erstaunlich durchsetzungsfähig, obwohl er selbst nur einjährig wächst.

Bärenklau – Eine ziemlich haarige Angelegenheit

Vielleicht ist der Bär los und klaut heimlich Honig – wäre als Namensdeutung noch eher denkbar als ein geklauter Bär. Beide Deutungen treffen indessen so gar nicht zu, denn gemeint ist die Bärenklaue im Sinne von einem markanten Fußabdruck: Die großen Blätter oder zumindest ihre mehrteilige Endfieder erinnern im Umriss entfernt an die Laufspur eines Bären, der als einziges (heimisches) Raubtier Sohlengänger ist und damit recht großflächig im Leben steht. Außerdem sind die Blätter ebenso wie die übrigen Teile auch noch dicht und kräftig behaart. Beide in Mitteleuropa vorkommenden Arten, der Wiesen-Bärenklau (*Heracleum sphondylium*) und der aus dem Kaukasus eingebürgerte Riesen-Bärenklau (*Heracleum mantegazzianum*), erinnern in ihrem wissenschaftlichen Gattungsnamen an einen antiken Kraftprotz, der als Herakles bzw. Herkules die griechisch-römische Sagenwelt bereichert und unter anderem seinen Musiklehrer umbrachte, weil der an seinen Darbietungen zu viel auszusetzen hatte. Da beide Pflanzen recht stattliche Erscheinungen sind, drücken die Namensteile Bär und Herkules wohl gleichsinnig eine urwüchsige physische Kraft aus.

Doch Achtung: Die Bärenklauarten enthalten in allen Teilen sogenannte Furocumarine – Pflanzenstoffe, die besonders nach zusätzlicher Einwirkung von Licht heftige Hautreizungen auslösen können. Diese unangenehme Wirkung nennt man auch Wiesendermatitis. Eine pharmakologisch wichtige Verbindung dieses Typs ist das Psoralen. Phototoxisch bedeutet das, dass diese Stoffe auf der Haut vor allem dann entzündungsähnliche Rötungen und Schwellungen hervorrufen, wenn diese nach dem Stoffauftrag für einige Zeit kurzwelligem Licht (vor allem UV-Strahlung) ausgesetzt war, wie es bei Erntearbeiten oder Freizeitaktivitäten meist der Fall ist. Besonders starke Reaktionen löst der Stängelsaft des eingebürgerten Riesen-Bärenklaus aus. Weniger stark, aber ebenfalls zu beachten sind die vom heimischen Wiesen-Bärenklau verursachten Effekte. Meisterwurz und Pastinake führen ebenfalls Furocumarine.

Beifuß – Der Name steht auf schwachen Füßen

Tierische Extremitäten tauchen in Pflanzennamen relativ häufig auf: Geißfuß (*Aegopodium*), Gänsefuß (*Chenopodium*), Krähenfuß (*Coronopus*) oder Vogelfuß (*Ornithopus*) sind Beispiele aus der heimischen Flora. In ihren wissenschaftlichen Gattungsnamen steckt jeweils das griechische *pous/podos* für Fuß, sprachlich verwandt übrigens mit dem lateinischen *pes/pedis*. Auch die alpine Symbolpflanze schlechthin, das Edelweiß, ist eigentlich tierfüßig, denn wörtlich übersetzt bedeutet der wissenschaftliche Gattungsname *Leontopodium* = Löwenfuß. Gewiss – manchmal liegt der Formvergleich durchaus nahe, wie beim Blattschnitt des Geißfußes oder dem Fruchtstand vom Vogelfuß. Beim Edelweiß = Löwenfuß mögen bereits Zweifel erlaubt sein. Beim Beifuß bietet die Gliedmaßenanatomie nun überraschend überhaupt keine Handhabe, denn seine Bezeichnung leitet sich von dem unübersetzbaren althochdeutschen Pflanzennamen *bipoz* ab. Den wissenschaftlichen Gattungsnamen *Artemisia* für die Beifußarten und ihr aromatisches verwandtschaftliches Umfeld (Eberraute, Estragon, Wermut) kann man dagegen durchaus verstehen: Er weist diese Würzpflanzen der griechischen Artemis zu, die nicht nur als Göttin der Jagd, sondern in ihrem Wirkungsfeld gleichermaßen als antike Frauenbeauftragte und Heilgöttin erscheint.

Beinwell – Wirkt wirklich bis auf die Knochen

In den Moorgebieten Nord-(West-)Deutschlands wächst die zarte, aber verführerisch hübsche Moorlilie, die man bezeichnenderweise auch Beinbrech (*Narthecium ossifragum*) nennt (von lateinisch *os* = Knochen, *frangere* = brechen). Der Grund ist nachvollziehbar klar: Kommt man dieser Pflanze zu nahe, begeht man im unübersichtlichen Terrain leicht einen Fehltritt, gerät in Schlammlöcher, knickt mit den Füßen weg und bricht sich womöglich das Gehwerk. Doch die Natur hat auch in diesem Fall vorgesorgt: Mit dem Beinwell (*Symphytum officinale*) steht ein wirksamer Knochenflicker zur Verfügung. Schon zur Karolingerzeit und weiter im frühen Mittelalter nannte man ihn *beinwalla* = Wohltäter der Gebeine, und bis heute bereitet man aus seinen Wurzelstöcken eine Paste zu, die Knochenhautverletzungen oder Frakturen heilen hilft. Diese erwiesene arzneiliche Wirkung unterstreicht auch der wissenschaftliche Gattungsname: *Symphytum* leitet sich ab von griechisch *symphyein* = zusammenfügen. Das gleiche Wort steckt übrigens im medizinischen Fachausdruck Symphyse für Knochenfuge. In Großbritannien nennt man die Pflanze *comfrey*, und dieser Name meint genau dasselbe, denn er kommt vom Lateinischen *conferre* = zusammenbauen.

Beinwell ist in der heimischen Flora recht häufig und kommt in verschiedenen Blütenfarben vor. Neben reinweißen gibt es auch cremefarben, purpurn oder tiefviolett blühende Exemplare. Die fünf Kronblätter sind zu einer Röhre verwachsen, die vorne von Schlundschuppen verschlossen ist. Nur langrüsselige Hummelarten können die Nektarvorräte am Blütengrund ausbeuten. Die zu kurz Gekommenen, deren Saugrüssellänge partout nicht ausreicht, geben dennoch nicht auf. Sie beißen die Blüten unten seitlich an und klauen einfach den Nektar unter Umgehung der vorgesehenen Bestäubungsroute.

Blutauge – Die Blume mit dem trüben Blick

An sich ist diese heimische Sumpfpflanze recht hübsch anzusehen – schlanker Wuchs, feingliedrige Blätter, zarte Behaarung. Nur die Blüte mag nicht jedem gefallen: Sie ist ungefähr augengroß, fünfblättrig und so finster dunkelrot wie geronnenes Blut nach einer Bindehautverletzung. Am Erscheinungsbild der Blüte sind nicht nur die zugespitzten

Kronblätter beteiligt, sondern vor allem die noch viel größeren und ebenfalls blutrot ausgefärbten Kelchblätter. Man schaut also buchstäblich in eine Blutlache. Ihr trübes Rot findet dennoch seine besonderen Liebhaber. Vor allem bestimmte Fliegen lassen sich davon gerne anmachen. Heute stellt man diese Art wegen ihrer Blattform zu den Fingerkräutern und nennt sie *Potentilla palustris*. Vor einiger Zeit fasste man sie noch als eigene Gattung *Comarum* (mit dem Artnamen *Comarum palustre*) auf – ein Name, der sich vom griechischen Wort *komaron* für den mediterran verbreiteten Erdbeerbaum ableitet. Dessen Früchte sehen so ähnlich aus wie Walderdbeeren, und auch beim Blutauge erinnern die Sammelfrüchte an eine etwas zu klein geratene und vor allem völlig trockene Erdbeerfrucht.

Engelwurz – Himmlischer Beistand, manchmal dringend erwünscht

Bevor die Pharmaindustrie für alle möglichen Malaisen irgendeine chemische Designerdroge anbieten konnte, müssen manche Heilpflanzen den Menschen früherer Jahrhunderte geradezu als Geschenk des Himmels vorgekommen sein – und wurden entsprechend benannt. Die überaus heilkräftige Engelwurz hat man in der so verstandenen himmlischen Hierarchie sogar in einen höheren Rang befördert und *Angelica archangelica* (lateinisch *angelus* = Engel, *archangelus* = Erzengel) genannt. Ihre knollig verdickten Wurzelstöcke enthalten vielerlei Aroma- und Bitterstoffe, die man bei Beschwerden der Verdauungsorgane verwendet. Sie sind immer noch Bestandteil von Magenbittern, Kräuterschnäpsen und fast aller Klosterliköre. Den antiken Autoren wie Theophrast und Galenos war diese segensreiche Pflanze übrigens unbekannt, denn sie kommt im mediterranen Süden gar nicht vor.

Fetthenne – Hübsch gerundet und dennoch nichts als Wasser

Dick und rund und folglich auch reichlich fett – so stellt man sich in bäuerlichen Kreisen üblicherweise ein Huhn vor, das mindestens eine Saison lang für den Suppentopf herangereift ist. Die Merkmale dick und rund kennzeichnen aber auch die Gestalt mancher Blätter, vor allem wenn

sie tatsächlich wurstförmig aussehen. Ein solches Blattde-
sign weisen die meisten der heimischen Fetthennenarten
(Gattung *Sedum*) auf, beispielsweise die weitverbreitete
Weiße Fetthenne (*Sedum album*). Ähnlich wie sich eine fette, aufgeplusterte Henne der Kugelgestalt annähert,
zeichnen sich die dicken Blätter der *Sedum*-Arten durch ein
bemerkenswert günstiges Zahlenverhältnis zwischen Volu-
men und Oberfläche aus. Sie besitzen damit einen relativ
großen Stauraum für Wasser bei verhältnismäßig kleiner
Oberfläche, über die das mühsam eingespeicherte Wasser durch Verdunstung verloren geht. Diese Erscheinung
nennt man Sukkulenz (lateinisch *succus* = Saft). Blattsukku-
lenz ist eine bemerkenswerte Anpassung an trocken-heiße
Standorte. Die heimischen Fetthennenarten sind daher in
sonnenexponierten Mauerritzen oder Felsfluren besonders
konkurrenzstark, wo andere Pflanzenarten nach kurzer Zeit
staubtrocken zerbröseln.

Fichtenspargel – Schummerige Schieberei im Untergrund

Der Waldboden ist ein zwielichtiger Lebensraum, denn das
dichte Blätterdach lässt die Basis in mystischem Halbdunkel
versinken. Im Tiefschatten der Bodenregion wachsen aber
dennoch einige Pflanzen – richtig finstere Gestalten mit betont dunkelgrünen Blättern, die so das wenige verfügbare
Licht dennoch nutzen können. Neben den Schwarzgrünen
zeigen sich hier und da aber auch gespenstisch weißliche
Gewächse, die offenbar nicht einmal Spuren von Blattgrün

enthalten – so auch der seltsame Fichtenspargel. Mit seinem total bleichen Stängel und mickrigen Blattansätzen erinnert er eher an Keimsprosse von Kartoffeln, die sich aus
der schummerigen Kellerecke dem wenigen Licht entgegen-
recken. Und schummerig geht es an seinem Standort durchaus zu – der Fichtenspargel wächst unter anderem auch gerne in lichtarmen, weil zu dicht gepflanzten Fichtenbestän-
den.

Da Pflanzen nur dann per Fotosynthese von Licht und Luft
leben können, wenn sie gleichzeitig grün sind, ist auch klar,
dass die blattgrünfreien Varianten auf Fremdhilfe angewiesen sind, um stofflich über die Runden zu kommen. Nun
sitzen die bleichen Blütenpflanzen im Waldbodenmoder
und damit gleichsam in natürlichem Kompost. Allerdings
können sie dieses üppige Stoffangebot nicht selbst auf-
schließen. Dazu benötigen sie die Pilze, die organische
Abfallstoffe aus der Bodenstreu knacken und aufnehmen.

Insofern bietet sich der Kurzschluss zwischen Pilzmyzel und Pflanzenwurzel an. Tatsächlich geht der Fichtenspargel innige Verflechtungen mit Bodenpilzen ein. Über direkte Zellkontakte fließen Stoffe aus dem Myzel in seine Wurzel – die leichenblasse Blütenpflanze parasitiert auf dem Bodenpilz und ist Importgebiet für dessen Stoffvorräte.

Frauenmantel – Garderobe in traditionellem Design

Als der Frankfurter Psychiater Heinrich Hoffmann (1809–1894) im Jahre 1845 seinen berühmten *Struwwelpeter* schrieb sowie illustrierte und Konrads Frau Mama mit einem zeitgemäß gestylten Umhang ausstattete, hätten die Blätter des Frauenmantels (*Alchemilla vulgaris*) ein bestens geeignetes Schnittmuster geliefert. Angesichts der aktuelleren Linienführung in der Damengarderobe wäre diese Designvorlage für einen Wintermantel heute wohl eher weniger gefragt. Dabei ist die Blattform ausgesprochen hübsch: Der Umriss ist ein Dreiviertelkreis, der Blattrand läuft in fünf bis elf gezähnte Zipfel aus, und vom Blattstielansatz strahlen fingerartig kräftige Hauptnerven aus. So formschön die Blätter sind, so unscheinbar fallen die Blüten aus: Sie schmücken sich nur mit grüngelben Kelchblättern. Insekten finden sie dennoch attraktiv, sie fliegen in Scharen an. Ihr Pollentransport ist dennoch vergebens, denn beim Frauenmantel entwickeln sich die Samen ausnahmsweise ohne Befruchtungsereignis.

Im wissenschaftlichen Gattungsnamen *Alchemilla* klingt übrigens die Erinnerung an die mittelalterlichen Alchemisten an. Diese schrieben den Wassertropfen, die das Frauenmantelblatt zwischen seinen Blattzähnen ausscheiden kann, ganz besondere Heilkräfte zu, die sie natürlich in Wirklichkeit nicht aufweisen.

Frauenschuh – Damensocke oder Männerpantoffel?

In der Hitparade der schönsten heimischen Blütenpflanzen landet der Frauenschuh mit Sicherheit auf einem der vordersten Ränge. Selbst für eine Orchidee ist seine Blüte sehr ungewöhnlich aufgebaut: Die stark gewölbte, glänzend gelbe Unterlippe ist eigentlich das obere, innere Blütenblatt, denn erst kurz vor dem Aufblühen dreht sich die Blütenachse um 180° und rückt den auffälligen Blickfang der gesamten Blüte damit in die rechte Position.

Die dicke Lippe ist nun zweifellos eine auffällige Konstruktion, aber ein Damenschuh? Eher erinnert sie in ihren (im Vergleich zu elegantem Designerschuhwerk) doch recht klobigen Formen an einen rustikalen Filzpantoffel. Dennoch hat man die Pflanze im Spätmittelalter „zu Ehren unserer lieben Frau" *Calceolus marianus* genannt (= Marienschuh, von lateinisch *calceolus* = kleiner Schuh). Carl von Linné hat nun bei seiner Namensgebung solche Marienwidmungen gerne in Zutaten der Venus umgedeutet, und so heißt der Frauenschuh seit 1753 *Cypripedium calceolus*. Damit hat er das übernommene Zitat in diesem Fall nur indirekt umgemünzt: *Cyprus* = Zypern war das Zentrum des antiken Venuskultes. Der zweite Namensbestandteil *pedium* lässt sich übrigens am besten mit „Socke" übersetzen, und damit wäre auch die Form dieses Blütenteils besser beschrieben.

Für Besucherinsekten ist die Pantoffel- bzw. Sockenlippe ein gefährliches Parkett: Sie gleiten von den Rändern unweigerlich ins Innere und können diese Falle nur verlassen, indem sie an den Staubbeutelpaketen vorbei kriechen und sich damit beladen.

Froschbiss – Richtig gesehen, aber falsch gedeutet

See- und Teichrosen sind die zauberhafte Zierde jedes Stillgewässers. Obwohl sie im Wasser zu Hause sind, setzen sie ihre wichtigsten Organe an die Luft: Die Blätter schwimmen auf der Wasseroberfläche und leben damit an der Grenzfläche Wasser/Luft, und die Blüten ragen sogar noch ein Stück höher aus dem Wasser heraus. So ist es auch beim Froschbiss (*Hydrocharis morsus-ranae*). Er sieht fast so aus wie die verkleinerte Version einer Weißen Seerose, wobei er allerdings nicht im Gewässergrund wurzelt, sondern nach Bojenmanier frei im Wasser schwimmt. Die rosettig angeordneten Schwimmblätter besorgen den nötigen Auftrieb, denn sie sind innen gekammert wie eine Luftmatratze.

Solche schwimmenden Pflanzen sind für fliegende Insekten eine einladende Insel, und tatsächlich lassen sie sich hier gerne für eine kurze Ruhepause nieder. Das bleibt den Wasserfröschen natürlich nicht verborgen: Sie schnappen nach den Blattbesuchern und machen so manches Mal recht gute Beute. Diesen Sachverhalt hat man schon früher wahrgenommen, aber offenbar die falschen Schlüsse daraus gezogen: So glaubte man, der eingekerbte Rand der Schwimmblätter sei von Fröschen ausgebissen worden. Carl von Linné hat diese Fehleinschätzung sogar im Artnamen (lateinisch *morsus* = Biss, *rana* = Frosch) zementiert.

Fuchsschwanz – Stimmungsbarometer können buschig sein

Die verlängerten Hinterteile der heimischen Säugetiere fordern offenbar in besonderem Maße den Vergleich mit Pflanzenteilen heraus. Der prächtig buschige Schwanz eines Rotfuchses ist sogar ein besonderes Schmuckstück. In der Jägersprache bezeichnenderweise Standarte genannt, ist er als Antennendekoration auch bei Autofahrern spezieller Typ- und IQ-Klassen beliebt. Das pflanzliche Pendant zum Schwanz des Fuchses ist der erstaunlich formähnliche Blütenstand des Wiesen-Fuchsschwanzes (*Aleopecurus pratensis*), eines häufigen und wichtigen Futtergrases in Mähwiesen. Neben dieser charakteristischen Wiesenpflanze kommen in Mitteleuropa noch weitere Arten der Gattung *Alopecurus* (von griechisch *alopex* = Fuchs und *oura* = Schwanz) vor, darunter der Acker-Fuchsschwanz (*Alopecurus myosuroides*, wörtlich: der mäuseschwanzähnliche Fuchsschwanz). Unter den häufigen Wiesengräsern gibt es auch ein „Hundsschwanzgras" (Gattung *Cynosurus*, von griechisch *kyon* = Hund), das aber in den üblichen Pflanzenbüchern unter dem deutschen Namen Kammgras verzeichnet ist. Ferner sind bei den Namen heimischer Blütenpflanzen etliche weitere Tierschwänze verewigt, darunter beispielsweise der Löwenschwanz (*Leonurus cardiaca*, auch Herzgespann genannt) oder der Pferdeschwanz (*Hippuris vulgaris*, meist aber Tannenwedel genannt).

Glasschmalz – Welch wertvoller Werkstoff aus dem Watt!

Zunächst einmal weit weg von Glasperlen und auch überhaupt kein Gedanke an Schmalzbrot, sondern ein kurzer Blick ins Watt an der Nordseeküste: Normalerweise ist das Meersalz für Landpflanzen äußerst giftig – man kennt die fatalen Effekte von Auftausalzen auf die Bäume am Straßenrand. Die Salzpflanzen (Halophyten) des Watts werden damit als Ökospezialisten aber recht gut fertig und lagern es sogar mengenweise in ihre Organe ein. Auch der in sei-

nem seltsamen Habit eher kakteenähnliche Queller (*Salicornia europaea*) ist erstaunlich salzfest – immerhin beschert ihm die Nordsee jährlich rund 500 bis 700 Überflutungen. Früher erntete man diese einjährig wachsenden Pflanzen oder andere Arten wie die Strand-Sode (*Suaeda maritima*) im Spätsommer und verbrannte sie. In der Asche fanden sich dann unter anderem Kaliumsalze – gesuchte Rohstoffe, die man in Glashütten für die Herstellung von Glasschmelzen (= Glasschmalz) benötigte; ein durchaus netter Nebenerwerb für die notorisch armen Marschbauern. Von den Pötten, in denen man die Wattpflanzen seinerzeit veraschte, rühren übrigens der Name Pottasche für Kalium-carbonat (K_2CO_3) und das englische Wort *potassium* für das Element Kalium her, während die Strand-Sode der Namensgeber für das im britischen Sprachraum so bezeichnete Element *sodium* = Natrium war.

Guter Heinrich – Märchenhaftes Wildgemüse

Im Zentrum der Kölner Altstadt, sozusagen noch in Sichtweite des Doms, hat man den hier berühmten Heinzelmännchen (eine Erfindung aus dem frühen 19. Jahrhundert und unsterblich geworden durch eine Ballade (1836) des Schlesiers August Kopitsch (1799–1853), der übrigens 1826 die legendäre Blaue Grotte von Capri mitentdeckte), einen ansehnlichen Gedenkbrunnen direkt gegenüber einem bekannten Brauhaus errichtet. Immerhin sollen diese bemerkenswert hilfreichen Kobolde nächtens den Kölner Bürgern die liegen gebliebene Arbeit verrichtet haben – bis eine doch allzu neugierige Schneidergattin trockene Erbsen auf die Treppe des Hauses streute, die folgerichtig über die Stiegen polternde Bande auch tatsächlich sah – aber damit auch auf Dauer vertrieb. Seither ist diese bedeutende Stadt nach mehrheitlicher Einschätzung von allen guten Geistern verlassen.

Das Motiv der helfenden Heinzelmännchen (= Verkleinerungsform von Heinrich) ist im deutschen Märchenschatz weit verbreitet. Auch die Wohlfahrtswirkungen mancher Pflanzen – beispielsweise ihre Eignung für die

Küche – machte man an der Gestalt eines wohltätigen Heinrich fest und nannte sie entsprechend Stolzer, Großer bzw. Guter Heinrich. Die lateinische Übersetzung vom Guten Heinrich (= *bonus henricus*) war als Pflanzenname schon in der Zeit lange vor Carl von Linné in Gebrauch. Die so bezeichnete Pflanze, in der modernen Pflanzenkunde *Chenopodium bonus-henricus* genannt, wächst als Kulturfolger an überdüngten Abfallstellen, die viele Stickstoffverbindungen aufweisen. In den heute zunehmend verstädterten Dörfern ist sie allerdings selten geworden. Neuerdings baut man sie wieder als Gemüse an – sie schmeckt ähnlich wie Spinat, mit dem sie auch nahe verwandt ist. Demnach ist der Gute Heinrich ein wiederentdeckter Klassiker der Gartenkultur.

Hängender Mensch – Gemeuchelte Gestalten am Galgen

Aceras anthropophorum – wörtlich *das Menschen tragende Ohnhorn* – heißt eine recht seltene, aber hübsche heimische Orchideenart. Im Unterschied zu den meisten anderen Arten der Familie ist ihre Blüte nicht in einen rückwärtigen Sporn (= Horn) verlängert, in dem sich üblicherweise die bei vielen Orchideenarten allerdings fehlende Nektardrüse verbirgt. Dafür sind die vier Zipfel der Unterlippe bemerkenswert schlank und schlaff. Sie erinnern in ihrer spezifischen Formgebung klar an menschliche Arme und Beine. Außerdem bilden die übrigen unauffällig blassgrünen Blütenblätter einen leicht geneigten Kopf. Das Bild eines sichtlich verblichenen Aufgeknüpften ist damit fast perfekt. Da der Blütenstand bis zu 50 Einzelblüten umfasst, stellt sich das ganze Arrangement fast als Massenhinrichtung dar.

Ähnlich erinnert auch die Affen-Orchis (*Orchis simia*), eine weitere heimische Orchideenart, an eine Horde zappelnder Primaten. Bei dieser Art sind die Einzelblüten jedoch viel lebhafter ausgefärbt.

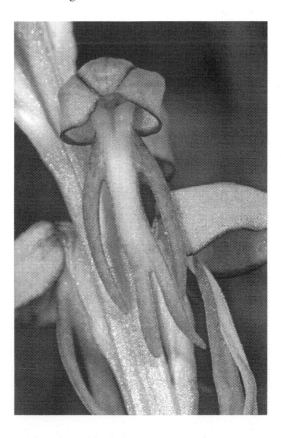

Herbstzeitlose – Völlig aus dem Takt geraten

Wenn der Herbst beginnt, ist die Blühsaison eigentlich zu Ende. Wer jetzt dennoch in Blüte steht, ist entweder ein Nachzügler des Spätsommers oder eine Art, die sich nicht unbedingt an die Jahreszeiten hält. Auch die hübsche Herbstzeitlose (*Colchicum autumnale*) blüht offensichtlich zur Unzeit und führt diese Eigenart sogar im Namen – Blütezeit und Laubaustrieb sind bei dieser Spezies zeitlich völlig entkoppelt. Der übliche Zeitplan ist hier derart aus dem Takt geraten, wie man es (beinahe) täglich bei den Fernzügen der Deutschen Bahn erleben kann. In lückiger Nachbarschaft ohne verwirrende Halmkulisse erkennt man sofort, dass die schmucke Blüte ohne Hüllblätter unmittelbar aus dem Boden kommt. Die Blütenblätter gehen in eine schlanke Röhre über. Innerhalb der Blüte findet man zwar die dreiteilige Narbe und sechs Staubblätter, aber keinen Fruchtknoten. Der sitzt nämlich fast zwei Handbreiten tiefer im Boden in einer Knolle. Die gesamte Blütengröße berechnet sich also aus den 4–8 cm Länge der freien Blütenblattzipfel und der bis 25 cm langen Blütenröhre: Mit diesen rund 30 cm Gesamtlänge hält die Blüte der Herbstzeitlose den Größenrekord unter allen europäischen Blütenpflanzen.

Entsprechend weit ist natürlich der Weg, den der Pollenschlauch nach der Pollenaufladung von der Narbe durch das Griffelgewebe bis zu den Samenanlagen tief unten im Boden überwinden muss. Für diese Langstrecke benötigt er ab Herbst mehrere Wochen, bei seinem Tiefgang spürbar gebremst durch die sinkenden Außentemperaturen. Die Befruchtung erfolgt daher erst im fortgeschrittenen Winter.

Ab Frühjahr streckt sich dann die Sprossachse und schiebt nunmehr die glänzenden dunkelgrünen Blätter und eine ovale Kapsel aus dem Boden. Kurioserweise entwickelt sich also am grünen oberirdischen Spross der Pflanze scheinbar im Direktverfahren eine mit zahlreichen Samen gefüllte Frucht, ohne dass in der neuen Saison die zugehörige Blüte zu sehen gewesen wäre.

Der herbstliche Blühtermin, mit dem die Herbstzeitlose vor dem Wintereinbruch das Frühjahr vorwegnimmt und sich als extremer Frühblüher qualifiziert, mag ursprünglich eine Anpassung an das saisonal trockene Steppenklima ihrer ursprünglichen Heimat gewesen sein, passt aber zufällig recht gut in den traditionellen Bewirtschaftungsrhythmus von Wiesen und Weiden. Die Pflanze blüht nach der letzten Mahd und fruchtet, bevor die Sense alle aufstrebende Botanik erneut flach legt.

Hohlzahn – Und doch kein Fall für den Zahnarzt

Die Blüte sieht aus wie bei einer Taubnessel. Auf den randlichen Lappen der breiten Unterlippe findet sich jedoch je ein hohler, zahnartiger, etwa 2 mm hoher Höcker. Diese beiden Randhöcker wirken wie die Pfosten einer Hauseinfahrt – sie haben offenbar die Aufgabe, die dicken Köpfe der Besucherinsekten (vor allem Bienen und Hummeln) direkt zum Blütenzentrum mit seinen Nektarvorräten zu lenken. Solche Führungsschienen zum Einfädeln bzw. Einparken finden sich auch bei vielen anderen Blüten der heimischen Flora.

Der wissenschaftliche Gattungsname *Galeopsis* leitet sich ab vom griechischen *gale* = Wiesel, offenbar wegen der an die Fangzähne eines Marders erinnernden Blütenzähne. Der häufigste heimische Vertreter der Gattung ist der Stechende Hohlzahn (*Galeopsis tetrahit*), dessen Kelchblätter nadelspitz sind. Er gilt übrigens als eindrucksvolles Beispiel dafür, dass durch Bastardierung eine neue Art entstehen kann. Die beiden Eltern sind der Weichhaarige Hohlzahn (*Galeopsis pubescens*) und der Bunte Hohlzahn (*Galeopsis speciosa*). Ihr gemeinsames Kreuzungsergebnis hat doppelt so viele Chromosomen wie jede Elternart.

Hundswürger – Tatsächlich nichts im Griff

Für Fliegen, die auf ihren weißen Blüten herumturnen, hat die Schwalbenwurz (*Vincetoxicum hirundinaria*) ihre besonderen Tücken: Begeht das Insekt einen Fehltritt, gerät es mit einem Fuß in eine Klemmfalle und kann sich daraus nur befreien, indem es gewaltsam ein Pollenpaket herausreißt und anschließend zur nächsten Blüte verschleppt. Eigenartigerweise heißt diese Pflanze, die es eher auf die Übertölpelung ihrer Blütengäste abgesehen hat, auch Hundswürger. Tatsächlich enthält sie Giftstoffe, die zu Atemlähmungen führen. Aus Namibia liegen Berichte vor, wonach sich an einer verwandten Art sogar Elefanten vergiftet haben. Aber was bringt einen Hund dazu, von dieser extrem bitter schmeckenden Pflanze zu naschen? In Süddeutschland erzählt man sich, dass Diebe mit solchermaßen vergifteten Ködern die wachsamen Hofhunde ruhigstellten.

Eine nah verwandte Familie, zu der auch der stark giftige Oleander gehört, heißt sogar Hundsgiftgewächse (*Apocynaceae*). Die Namen gebende (in Nordamerika beheimatete) Gattung *Apocynum* heißt wörtlich übersetzt Hundescheuche, wobei allerdings rätselhaft bleibt, wie man in diesem Fall auf den Hund kam.

Hundszahn – Dem Haushund mal ins Maul geschaut

Der Vergleich eines Pflanzenorgans mit den Bauteilen eines Raubtiergebisses (auch der Zwergpinscher stammt schließlich vom Wolf ab) erscheint immer etwas gewagt. Umso mehr muss es verwundern, wenn gleich zwei Pflanzenarten das Hundegebiss im Namen führen, und noch verwunderlicher ist, dass sie so gar nicht zähnefletschend aussehen. Eine dieser beiden Arten, die Hundszahnlilie (*Erythronium denscanis*), ist eine äußerst schmucke Alpenpflanze. Sie überdauert mit spitzen, weißlichen Zwiebeln, die tatsächlich wie die Reißzähne aus dem Brechscherenapparat eines großen Hundes aussehen und auch die passende Größe aufweisen. Der wissenschaftliche Artzusatz (lateinisch *dens* = Zahn, *canis* = Hund) betont den gleichen Sachverhalt. Der Gattungsname stammt dagegen aus der griechischen Antike und ist unübersetzbar. Die Pflanze kommt – von verschiedenen Gartensorten abgesehen – nur auf der Südalpenseite vor.

Der zweite Hundszahn ist ein Gras und heißt wissenschaftlich *Cynodon dactylon* (vom griechisch *kyon/kynos* = Hund und *odon* = Zahn). Hier muss man zur Zahnuntersuchung allerdings die Lupe zur Hand nehmen, denn der Name bezieht sich auf die gezähnten Spelzen im Blütenstand.

Hungerblümchen – Ein klarer Fall von Magersucht

Irgendwie hört sich der Name dieser kleinen heimischen Pflanze nicht besonders gesund an, und tatsächlich präsentiert sie sich mit einem ziemlich mickrigen Aussehen – etwa 2 cm bis allenfalls fingerlang hoch, mit kurzlebiger Blattrosette und sehr kleinen weißen Kreuzblüten. Der Name bezieht sich jedoch auf den Standort, der anderen Blütenpflanzen schlicht zu mager und zu nährstoffarm ist, beispielsweise Mauerkronen und Sandfluren. Eine besondere Vorliebe entwickelt es offenbar für die Kiesschüttungen von Baumarktdächern. Der wissenschaftliche Gattungsname *Erophila* leitet sich ab vom griechischen *er/eros* = Frühling, denn die Pflanze blüht bereits im März. Trotz der anklingenden Frühlingsgefühle besteht keine sprachlich-inhaltliche Verbindung zu *eros/erotos*. Der Artzusatz *verna* (von lateinisch *ver* = Frühling) besagt eigentlich das Gleiche: *Erophila verna* ist also ganz und gar frühlingsbetont.

Jungfer im Grünen – Da ist doch was im Busch!

Die Hahnenfußgewächse bilden eine große Pflanzenfamilie, die auch in der heimischen Flora recht artenreich vertreten ist. Erstaunlich ist neben vielen anderen Besonderheiten der außerordentliche Gestaltungsreichtum der Blüten. Immerhin gehören zu dieser Familie so grundverschieden aussehende Vertreter wie Akelei, Buschwindröschen, Rittersporn und Trollblume. Auch die *Nigella*-Arten mit ihrer eigentümlichen Blütenarchitektur gehören hierher. Beim Damaszener Schwarzkümmel (*Nigella damascena*), der im östlichen Mittelmeergebiet beheimatet ist und gerne aus Bauerngärten in die freie Flur verwildert, befindet sich unterhalb der zartblauen Blüte eine auffällige Hülle aus stark zerschlitzten Hochblättern. Hinter diesem Gitterwerk verbirgt sich die noch ungeöffnete Blüte wie in einem Käfig – bereits jetzt durchaus verführerisch, aber vorerst noch nicht erreichbar. Diese eigenartige Schutzgitterfunktion hat der Pflanze verschiedene seltsame und zunächst nicht selbsterklärende Namen eingetragen wie Jungfer im Grünen, Braut in Haaren sowie Gretel im Busch. Eine Verwandte der Jungfrau im Grünen, den Echten Schwarzkümmel (*Nigella sativa*), empfiehlt schon die aus dem Jahre 812 stammende Landgüterverordnung Karls des Großen als heftigen Scharfmacher: Die schwarzen, dreikantigen Samen schmecken noch etwas stärker als Pfeffer und werden in der Phytomedizin als krampflösendes Mittel bei Koliken eingesetzt.

Kälberkropf – Blattbasen mit verdächtigen Rundungen

Wenn der Name einer Pflanze Ausflüge in die Anatomie der Haustiere unternimmt, ist meist recht viel Fantasie im Spiel. So sieht man auch beim Hecken-Kälberkropf (*Chaerophyllum temulum*), einer häufigen Wildpflanze an halbschattigen Gebüschsäumen und Wegrändern, den Namensbezug nicht auf den ersten Blick. Und überhaupt: Wer hat denn schon einmal den Kropf bzw. Kehlkopfapparat eines Kalbes genauer angeschaut? Die einzige Anmutung, die die etwa 1 m hoch werdende Pflanze bietet, sind die bleichgrünen, leicht blasig aufgetriebenen Blattscheiden mit einem kräftigeren Streifenmuster, die vielleicht an die Knorpelringe des Kehlkopfapparates erinnern. Eine ähnliche Vorstellung liegt wohl beim Taubenkropf-Leimkraut (*Silene vulgaris*) vor, wo die aufgeblasenen und gestreiften Kelche den Vergleich beflügelt haben. Noch mehr Kopfzerbrechen bereitet die Ableitung des wissenschaftlichen Gattungsnamens: Das schon antik überlieferte *Chaerophyllum* soll auf das griechische *chairein* = freuen und *phyllon* = Blatt zurückgehen. So erfreulich sind die Blätter jedoch nicht, denn die gesamte Pflanze ist relativ giftig, was ihr Artzusatz *temulum* = Taumel auslösend zu Recht betont.

Käsepappel – Irgendwo zwischen Kohl und Kleister

Die Vorstellung ist zugegebenermaßen abstrus: Käse wächst auf Pappeln? Die Ethnobotanik löst den Sachverhalt ganz undramatisch auf: Namensgeber sind die (wir lassen großzügigerweise der Fantasie auch hier freien Lauf) wie ein runder Käselaib geformten Früchte zweier heimischer Malvenarten, der Weg-Malve (*Malva neglecta*) und der Wilden Malve (*Malva sylvestris*), die man regional auch als Kleine bzw. Große Käsepappel bezeichnet. Mancherorts heißen sie

auch Gänse- bzw. Ross-Malve, um den Unterschied bei-
der Wildpflanzen zu den noch üppiger blühenden Garten-
Malven zu betonen.

Unreif sind die käselaibartigen Früchte essbar – sie schmecken tatsächlich ein wenig nach Käse mit Kohlaroma. Reif
sind sie dagegen schlicht zu lederig und ungenießbar. Etwas
umständlicher ist die Deutung des zweiten Namensbe-
standteils. Mit dem Gehölz Pappel, in dessen deutschem
Namen die verschliffene lateinische Bezeichnung *populus*
aufscheint, steht die Käsepappel überhaupt nicht in Verbindung, wohl aber mit kleisteriger Papp(e) bzw. Pampe im
Sinne von Kinderbrei, denn alle Pflanzenteile der Malven
enthalten Schleimstoffe, die man auch arzneilich einsetzt.
Die seinerzeit beliebten und leicht glibberigen Marshmal-

lows stellte man ebenfalls aus Stängelstücken von Malven her. Heute sind es eher Produkte der Polymerenchemie.

Klappertopf – Verheißungsvolle Nachrichten vom Küchenherd?

Lautes Hantieren mit Pfannen und Töpfen ist im Haus oft eine gute Verheißung, denn in der Küche entsteht möglicherweise gerade eine kulinarische Offenbarung. Unser pflanzlicher Klappertopf ist von Küche und Kulinarik jedoch denkbar weit weg, und auch sein Klappern ist eher nur ein vernehmliches Rascheln: Die reifen Samen purzeln im blasig aufgetriebenen Kelch hörbar herum, wenn der Wind die Pflanze kräftig durchschüttelt.

Klappertöpfe sind äußerst dekorative Wiesenpflanzen und auch für die Blumenwiese im eigenen Garten nachdrücklich zu empfehlen. Die häufigste der heimischen Arten ist der formenreiche Zottige Klappertopf (*Rhinan-*

thus alectorolophus). Der wissenschaftliche Gattungsname bedeutet wörtlich Nasenblume. Was der Namensgeber Carl von Linné sich dabei gedacht hat, ist allerdings schleierhaft. Eher ist der Artzusatz zu verstehen – *alectorolophus* bedeutet Hahnenkamm und bezieht sich wohl auf die deutlich gezähnten Tragblätter der Blüten. Alle Klappertopfarten sind Halbparasiten. Sie zapfen im Bodenraum die Wurzeln anderer Wiesenpflanzen an und zweigen daraus Wasser und Mineralsalze für ihren eigenen Bedarf ab.

Knabenkraut – Ganz gezielt unter die Gürtellinie

Heute kann man sie für ein paar Euro in jedem Tankstellenshop kaufen. Früher waren sie dagegen Luxus pur und symbolisierten unerreichbare Exotik: Orchideen haben unter den Pflanzenliebhabern eine besonders enthusiastische Fangemeinde.

Das Namensmotiv für die Knabenkräuter (Gattung *Orchis*) und die Knabenkrautgewächse (*Orchidaceae*), wie man die artenreiche Familie der Orchideen nennt, entzieht sich dem direkten Blick. Die Knabenkräuter überwintern mit einer verdickten, stärkereichen Wurzelknolle, die jedes Jahr neu entsteht. Zur Blütezeit liegen die vorjährige und die neue Knolle an der Basis der Sprossachse direkt nebeneinander. So erinnern sie in Anordnung, Aussehen und Größe an ein Hodenpaar – und nichts anderes bedeutet das altgriechische Wort *orchis*. Kein Wunder, dass man diese Wurzelteile zeitweilig als hochwirksames Aphrodisiakum betrachtete, was sie natürlich nicht einlösen können.

Überprüfen Sie daraufhin bitte nicht das Aussehen der hodenförmigen Wurzelknollen unserer seltenen heimischen Orchideen – die Enthaltsamkeit kommt in diesem Fall dem Natur- und Artenschutz sehr zugute.

Königskerze – Für (ausnahmsweise) lichte Momente bei den Royals

Wenn es bei Hofe früher besonders lichtvoll zugehen sollte, brauchte man nicht nur viele, sondern vor allem große Kerzen. Das Bild einer dicken Kerze auf hohem Leuchter bieten beispielsweise die heimische, bis 2,5 m hohe Großblütige Königskerze (*Verbascum densiflorum*) oder die gelegentlich noch größere Pracht-Königskerze (*Verbascum speciosum*)

mit ihren schlanken, hellgelben Blütenständen auf jeden Fall. Da außer dem kerzengeraden Hauptblütenstand aus den Achseln der oberen Stängelblätter auch noch eine Anzahl weiterer, seitlich ansetzender Teilblütenstände sprießen kann, stellt sich die stattliche Pflanze fallweise sogar als vielarmiger Kandelaber dar. Ihre erkennbar himmelstrebende Wuchsform hat ihr in manchen Gegenden auch den Namen Wetterkerze eingetragen, womit sich früher bei der Landbevölkerung der Aberglaube verband, die Pflanzen könnten womöglich die Blitze einfangen und so vom Einschlagen in Haus oder Hof ablenken. Als Blitzableiter ist sie erwiesenermaßen wirkungslos, aber als Heilpflanze steht sie nach wie vor in hohem Ansehen.

In ihren Blüten begeht sie übrigens einen heftigen Etikettenschwindel: Die stark behaarten Staubblattstielchen täuschen den anfliegenden Blütenbesuchern sehr viel mehr Pollenmasse vor, als tatsächlich zu holen ist.

Das Königsattribut findet sich in der Szene der Organismennamen übrigens gar nicht so selten und bezeichnet bei Tieren meistens die jeweils größten ihrer näheren Verwandtschaft. Beispiele sind Königstiger, Königskobra oder Königslibelle.

Krebsschere – Saisonal auf Tauchstation

Die Greif- bzw. Knackschere der großen heimischen Zehnfußkrebse wie Flusskrebs, Strandkrabbe oder Taschenkrebs kann erwiesenermaßen kräftig bis recht schmerzhaft zupacken. Ein ausgewachsener Hummer könnte mit seiner ausgeprägten Rechten sogar einen kleinen Finger abtrennen. Die hier gemeinte Krebsschere (*Stratiotes aloides*), eine heimische, frei flottierende Wasserpflanze aus der Familie der Froschbissgewächse, ist dagegen völlig problemlos. Ihre schwertförmigen Blätter sind als Rosette so angeordnet, dass je zwei davon wie die klaffende Schere eines angriffsbereiten Großkrebses aussehen. Der wissenschaftliche Name erinnert an die Schwertbewaffnung antiker Krieger (griechisch *stratiotes* = Soldat) bzw. an das einer Aloe ähnliche Erscheinungsbild der Pflanze. Bemerkenswert ist die Überwinterungsstrategie dieser Art: Im Spätherbst sinkt sie einfach – wohl auch infolge der üppigen Stärkekornbeladung in ihren Zellen – auf den Gewässergrund und taucht im Frühjahr buchstäblich aus der Versenkung wieder auf.

Krummhals – Mit Doppelknick in der Röhre

So richtig gerade ist unsere Wirbelsäule ja nun auch nicht – noch nicht einmal bei Operettenoffizieren, die so aufrecht herumstolzieren, als habe man sie auf ein Bügelbrett getackert. Schon im Bereich unserer sieben Halswirbel besteht eine leichte und aus statischen Gründen überaus sinnvolle Verbiegung – bereits die normale Anatomie modelliert unsere Spezies also definitiv zum Krummhals. Bei einem Reiher fallen die Krümmungen noch viel stärker aus. Wenn er fliegt, kann er seinen langen Hals beinahe zickzackförmig in ein Doppel-U legen. Ein mäßiger oder sogar übermäßig gekrümmter Schlund ist bei Wirbeltieren also nicht ungewöhnlich.

Pflanzen haben keine Hälse, und deswegen muss man hier an anderer Stelle nach auffälligen Halskrümmungen suchen: Der Acker-Krummhals (*Anchusa arvensis*) erhielt seinen Namen nach dem doppelten Knick seiner Kronröhre. Die fünf himmelblauen Kronblätter enden außen mit abgerundeten Zipfeln und verwachsen an der Basis zu einer ungefähr 6 mm langen weißen Röhre, die gleich zweimal um rund 90 Grad knieartig gekrümmt ist. Bei seinen allernächsten Verwandten *Anchusa officinalis* und *Anchusa azurea* ist die Kronröhre dagegen militärisch gerade, und deswegen heißen diese beiden Arten auch nicht Krummhals, sondern nach den ausgeprägt rauen Blättern Ochsenzunge. Ihr wissenschaftlicher Gattungsname nimmt auf keines dieser Merkmale Bezug – er stammt unübersetzbar aus der Antike.

Küchenschelle – Was die Glocke geschlagen hat

In der heimischen Pflanzenwelt klingelt es rund ums Jahr – vom Schneeglöckchen (*Galanthus nivalis*) über die Osterglocken (*Narcissus pseudonarcissus*) und die Glocken-Heide (*Erica tetralix*) bis zu den Alpenglöckchen (*Soldanella alpina*) – von den Glockenblumen (Gattung *Campanula*, vgl. italienisch *campanile* = Glockenturm) einmal ganz abgesehen. Auslösendes Namensmotiv ist in allen diesen Fällen die ausgeprägte Glockenform der Blütenkrone, wenngleich das Schneeglöckchen in seiner Glockengestalt ein paar gewaltige Sprünge aufweist. Zu diesem Blumenkonzert gehört auch die Küchenschelle (*Pulsatilla vulgaris*). Aber wieso solche Akustik aus der Küche? Das Problem löst sich sofort auf, wenn man den Pflanzennamen aus der Verkleinerungsform zurücknimmt und als Kuhschelle zitiert oder schlicht richtig als Kü*h*chenschelle schreibt. Dann wird deutlich, dass die Blütenhülle an die unentwegt scheppernden Glocken der Almherden erinnern soll, in denen jede Kuh ihre Kopfbewegungen beim Abrupfen der Pflanzennahrung auch hinreichend lautstark zu Gehör bringt, für den Almhirten eine zuverlässige Ortungshilfe, für den Bergwanderer eine quasi-romantische Bereicherung des Ambientes, aber für die Tiere vielleicht doch eine eher nervige Angelegenheit. Genauere Untersuchungen dazu fehlen bislang. Der wissenschaftliche Gattungsname *Pulsatilla* bedeutet ebenfalls Schelle oder Glocke (von lateinisch *pulsare* = anschlagen).

Löwenzahn – Wie bissig ist er denn nun wirklich?

Ein echter Hingucker ist die blühende Fettwiese oder -weide allemal, wenn sie im Frühjahr gänzlich in einer Symphonie von sattem Gelb versinkt. Aber: Großflächige Massenvorkommen von Löwenzahn sind eher ein ungesundes Zeichen, sind sie doch klare Anzeiger von totaler Überdüngung und für die Artenvielfalt überhaupt nicht sehr vorteilhaft. Schon nach wenigen Tagen ist diese Farborgie weitgehend gelaufen; die Weide oder Wiese ergraut, denn die leuchtenden Blütenköpfe haben sich jetzt zu den fruchtenden Pusteblumen fortentwickelt.

Blütenkopf und Pusteblume haben zwar ihre Haken und Spitzen, aber wo sind die Löwenzähne? Vermutlich fühlte sich jemand angesichts der sehr unregelmäßig gezackten Blattränder an die Silhouette eines eindrucksvollen Löwengebisses erinnert und hat den Eindruck im Namen verewigt. Der existiert schon sehr lange und taucht in ähnlicher Form in fast allen europäischen Sprachen auf: Das englische „dandelion" ist nichts anderes als die Verformung des französischen „dent de lion".

Obwohl der Löwenzahn zu den bekanntesten heimischen Pflanzen gehört und tatsächlich zahlreiche Kleinarten umfasst, ist die Bedeutung seines wissenschaftlichen Gattungsnamens *Taraxacum* völlig unklar. Sprachforscher vermuten gar eine Ableitung von durchaus fraglicher Bedeutung aus dem Arabischen.

In der heimischen Flora gibt es noch eine weitere Pflanzengattung mit Löwenzahnzitat nach der Blattform: *Leontodon* ist die altgriechische Übersetzung von Löwenzahn. Zur besseren Unterscheidung nennt man die im Frühsommer blühenden *Taraxacum*-Formen auch Kuhblume und den ab Spätsommer auftretenden *Leontodon* einfach Herbstlöwenzahn.

Mannstreu – Ganz und gar unfassbar

Disteln gelten nicht gerade als besonders handschmeichlerische Pflanzen, denn ihre Stängel und Blätter sind richtige Stachelfestungen und vermitteln beim herzhaften Zupacken das Gefühl heftiger bis vielfacher Akupunktur. Diese Erfahrung hat sich auch auf distelähnliche Pflanzen übertragen, die ganz anderen Verwandtschaften angehören, beispielsweise auf die dekorative Stranddistel (*Eryngium maritimum*), die zu den Doldenblütengewächsen gehört. Ihre nächsten Verwandten sind die zur gleichen Gattung zäh-

lenden Mannstreuarten, beispielsweise die Art Feld-Mann-
streu (*E. campestre*), die sich ungefähr so handschmeichle-
risch anfühlt wie ein gespicktes Nadelkissen. Dieser Pflanzenname treibt geradezu mit dem Entsetzen Spott: In der
Lesart Mann-Streu deutet man ihn als Betteinstreu des Ehe-
mannes, der einmal wieder spätabends aus der Kneipe (oder
von der Freundin …) nach Hause kommt und in seinem
Lager die vielborstige Rache seiner Ehefrau vorfindet. Die
Deutungsvariante Manns-Treu(e) bzw. Männertreu funk-
tioniert bei *Eryngium* dagegen nicht. Sie betrifft eher Pflanzenarten wie den Gamander-Ehrenpreis (*Veronica chama-
edrys*) oder das Frühlings-Gedenkemein (*Omphalodes verna*), deren Blüten bei der leisesten Erschütterung vom Stängel fallen und somit wenig Standhaftigkeit symbolisieren.

Mäuseschwänzchen – Nackt, grün und auch noch aufgerichtet

Die meisten heimischen Mäusearten haben nahezu körperlange Schwänze, die im Gegensatz zu anderen Nagetieren wie Eichhörnchen, Murmeltier und Siebenschläfer unbehaart bleiben und stattdessen von zahlreichen kleinen Schuppen bedeckt sind. So sieht der Schwanz auch bei den Kurzschwanzmäusen aus, beispielsweise bei Rötel- und Feldmaus, oder bei den skandinavischen Lemmingen.

Das Gleiche in Grün liefert der Anblick der Blüte vom Mäuseschwänzchen (*Myosurus minimus*), einer zu den Hahnenfußgewächsen gehörenden kleinen Ackerwildkrautart, die in jüngerer Zeit relativ selten geworden ist. Die allenfalls fingerhohe Pflanze entwickelt lang gestielte Einzelblüten, in denen die etwa 50 dachziegelartigschuppig arrangierten Fruchtknoten eine schlanke, zentrale Säule bilden. Zur Fruchtreife streckt sich das Gebilde noch ein wenig und sieht dann in Länge und Durchmesser erst recht mäuseschwanzartig aus. Der wissenschaftliche Gattungsname (von griechisch *mys* = Maus und *oura* = Schwanz) ist die exakte Übersetzung dieses Bildeindrucks.

Mönchspfeffer – Grünes gegen die Last mit der Lust

Obwohl der zu den Eisenkrautgewächsen gehörende Strauch *Vitex agnus-castus* im Mittelmeergebiet zu Hause und nördlich der Alpen bislang klimatisch überfordert ist, trägt er gleich zwei deutsche Namen – außer Mönchspfeffer heißt er auch noch Keuschlamm (= wörtliche Übersetzung des lateinischen *agnus castus*). Damit ist eine Namensdeutung in Blickrichtung christlich-moralischer Vorstellungen vorgezeichnet. Zusammen mit anderen Arten aus dem warmen Süden, darunter vor allem Heil- und Gewürzpflanzen, kultivierte man die Art schon im Mittelalter in den Klostergärten.

Mönche versuchen bekanntlich, ein gänzlich weltabgewandtes Leben nach strengen religiösen Ordensregeln zu führen. Da sie als irdische Wesen dennoch von dieser Welt sind, gibt es fallweise gewiss heftige Probleme mit den Hormonen bzw. Konflikte mit der Sexualität. Nun schmecken die rotschwarzen Steinfrüchte des Mönchspfeffers ziemlich scharf und wurden früher tatsächlich wie Pfeffer verwendet. Gleichzeitig sollen sie schon allein mit dieser Geschmackserfahrung den Geschlechtstrieb dämpfen. Bereits der spätantike Arzt Galenos (ca. 129–199) empfiehlt sie daher als hochwirksame Gefühlsbremse, gleichsam eine Art archaisches Antiviagra. In der Bezeichnung Mönchspfeffer schwingt somit klar ein wenig mitleidige Boshaftigkeit mit.

Die Last mit der Lust ist außerdem Thema des wissenschaftlichen Artzusatzes, der sich vom griechischen *agneucin* = keusch sein ableitet. Wegen der Form- bzw. Lautähnlichkeit mit dem lateinischen *agnus* ließ sich kurzerhand die Verbindung zum christlichen Symbol vom keuschen Lamm herstellen. Passend dazu wäre auch der Gattungsname *Vitex* (lateinisch *vita* = Leben, *ex* = aus, heraus) als klarer Hinweis darauf zu verstehen, dass der gezielte Gebrauch der Pflanze(nteile) aus jeglicher sexuellen Stimulation ganz einfach die Luft raus lässt. Welch seltsame Vorstellung …

Nachtschatten – Zwielichtiges bei Licht betrachtet

Im Schatten der Nacht läuft so manches ab, was das Licht des Tages scheut. Nach früher verbreitetem Volksglauben gehören dazu auch die geheimnisvoll-sagenhaften Hexenritte. Diese frühe Form der Luftfahrt bestand vermutlich in handfesten Rauchgifttrips. Spätestens im Mittelalter war nämlich die zuverlässig berauschende Wirkung von heimischen Pflanzenarten wie Bilsenkraut, Stechapfel, Bittersüß und Tollkirsche bekannt – allesamt weniger gut beleumundete Pflanzen, die man heute der (in fast allen europäischen Sprachen vergleichbar benannten) Familie der Nachtschattengewächse (*Solanaceae*) zuordnet. Die Zubereitung von höllisch gefährlichen Salben aus solchen Giftpflanzen war schon immer ein Tabu und somit ein recht zwielichtiges Tun. „Nachtschattengewächs" ist bis heute übrigens ein regional gebrauchtes Schimpfwort für eine (meist weibliche) Person mit (überwiegend) gewerblich-nächtlichem Betätigungsfeld.

Rein botanisch-physiologisch betrachtet sind die Nachtschattengewächse genauso wie alle anderen Pflanzen natürlich auf reichlich Licht angewiesen und wachsen auch keineswegs bevorzugt an dumpfen, moderigen oder dämmerigen Stellen. Zudem sind sie ausnahmslos im blühenden und fruchtenden Zustand sehr hübsch anzusehen. Die Verfemung erscheint also gänzlich unangebracht.

Was man nun im Mittelalter und in der frühen Neuzeit so noch nicht wissen konnte: Die Familie der Nachtschattengewächse stellt heute eine größere Anzahl weltwirtschaftlich wichtiger Nahrungspflanzen vor allem aus der Neuen Welt, allen voran die Kartoffel, aber auch Aubergine, Paprika und Tomate. Und der deutlich diskreditierte Tabak gehört auch noch dazu.

Natternkopf – Sympathische Drohgebärde

Die ungiftigen Nattern (zum Beispiel die Ringelnatter) gelten im Gegensatz zu den giftigen Ottern (beispielsweise Kreuzotter) als harmlos, aber kräftig zubeißen können auch sie. An ein weit geöffnetes und ein wenig bedrohlich aussehendes Schlangenmaul erinnern die Blüten des schmucken Natternkopfs (*Echium vulgare*), einer an Bahndämmen und in Steinbrüchen häufigen Pflanze aus der Familie der

Raublattgewächse. Vor allem, wenn man die zweilippig ausgebildete Blütenkrone von der Seite anschaut, wird die Ähnlichkeit des Kopfes mit dem Reptil deutlich. Nicht einmal die gespaltene Schlangenzunge fehlt, denn die steuern der weit vorragende lange Griffel sowie die Staubblätter bei.

Die Pflanze entwickelt einen bemerkenswert reichblütigen Blütenstand, dessen Einzelblüten im Laufe ihrer Betriebszeit einen charakteristischen Farbwechsel von Rötlich nach Blauviolett vollziehen. Nur die rötlichen Blüten werden heftig von Bienen angeflogen, und zwar meist erst nach 15 Uhr, weil die Nektarproduktion tagesrhythmisch erfolgt und dann am höchsten ist.

Natternzunge – Glatt, glänzend und womöglich gefährlich

Einen Farn stellt man sich landläufig als kräftige Pflanze mit aufrechten, großen und „farnlaubartig" gegliederten Blättern vor. Nicht alle heimischen Farne entsprechen diesem eingängigen Bild. So schert auch die Natternzunge (*Ophioglossum vulgatum*), eine finger- bis handlange, aber relativ selten gewordene Art feuchter Wiesen, aus dieser Vorstellung aus. Die Pflanze besteht aus einem ganzrandigen, glänzend grünen Blatt und einer unverzweigten, aufrechten Ähre aus dicht stehenden Sporenbehältern, die wie die Verlängerung der Sprossachse aussieht. Tatsächlich sind der Flächenabschnitt und die gelbgrüne Sporangienähre zwei äußerst gestaltverschiedene Bestandteile des gleichen Blattes. Nur die schlanke, zugespitzte Sporangienähre hat den Vergleich mit einer Schlangenzunge herausgefordert (griechisch *ophios* = Schlange, *glossa* = Zunge), was sich im wissenschaftlichen Gattungsnamen widerspiegelt. Allerdings haben die Namensgeber wohl doch nicht so ganz genau hingesehen, denn eine richtige Natternzunge ist immer gabelig geteilt.

Pfaffenhütchen – Farbige Früchte als geistliches Zitat

Im Frühsommer ist dieser heimische Strauch (*Euonymus europaea*) völlig unauffällig, denn seine kleinen grünweißen Blüten bemerkt man kaum, obwohl sie von Honig- und Wildbienen heftig und mit viel Gesumm umschwärmt werden. Im Frühherbst ändert sich das Erscheinungsbild des Strauches dagegen beträchtlich: Unübersehbar karminrot färbt sich nun die knapp zentimetergroße vierteilige Kapsel. In ihrer Formgebung sieht sie aus wie ein stark verkleinertes Barett, die früher übliche Kopfbedeckung in der Amtstracht hochrangiger katholischer Geistlicher – eben ein Pfaffenhütchen. Heute kann man dieses Attribut unter anderem noch bei den Mitgliedern des Kölner Domkapitels erleben. Die kräftige Ausfärbung würde dagegen auch zum farbenfrohen Auftritt eines Erzbischofs passen. Dieser Fruchtschmuck ist sogar von gewisser Dauer, denn die Früchte bleiben als Wintersteher bis zum nachfolgenden Frühjahr am Gezweig, um von den zurückkehrenden Zugvögeln konsumiert zu werden.

Ungewöhnlich kontrastbetont zu seiner Verpackung ist der in der Kapsel baumelnde Samen: Er ist von einem knallig orangefarbenen Samenmantel eingehüllt, der wohl ein besonderer Werbegag für Vogelaugen ist. Singvögel verzehren die leicht abschälbaren Samenmäntel sehr gerne und speien die harten Samen irgendwo wieder aus.

Das Pfaffenhütchen nennt man auch Spindelbaum, weil man früher aus seinem extrem harten Holz die Spindeln von Spinnrädern, die Schiffchen von Webstühlen oder anderes Holzwerkzeug fertigte, das mechanisch stark beansprucht wurde.

Reiherschnabel – Wie der Schnabel gewachsen ist

Lange Beine und spitzes Mundwerk – mit dieser durchaus gefährlichen Merkmalspaarung waten die Reiher im seichten Wasser herum und langen blitzschnell zu, sobald sich in Reichweite ein netter Appetithappen zeigt. Dieser lange, spitze Vogelschnabel half offensichtlich bei der Namensfindung für eine verbreitete heimische Pflanze, bei der sich zur Reifezeit die Griffel des Fruchtknotens gewaltig verlängern und dann tatsächlich wie ein Schnabelporträt aussehen: Beim Reiherschnabel (*Erodium cicutarium*, von griechisch *erodios* = Reiher) werden die geschnäbelten Früchte bis zu 4 cm lang.

Der Reiherschnabel gehört zu den Storchschnabelgewächsen (*Geraniaceae*), denn auch die Storchschnabelarten (Gattung *Geranium*) verlängern zur Fruchtreife ihre Griffel schnabelartig. Eigentlich müssten sie Kranichschnabelgewächse heißen, denn Gattungs- und Familienname leiten sich tatsächlich von griechisch *geranos* = Kranich ab. Zur gleichen Familie gehören auch die Pelargonien – die Stars vieler sommerlicher Balkonkästen. Diese blühstarken Zierpflanzen, gärtnerisch meist als Hänge-Geranien bezeichnet, sind nun wirklich Storchschnäbel, wie ihre wissenschaftlicher Gattungsname *Pelargonium* (von griechisch *pelargos* = Storch) unzweifelhaft ausweist. Übrigens sind Reiher, Kraniche und Störche im Unterschied zu ihren pflanzlichen Schnabelpendants überhaupt nicht näher miteinander verwandt.

Salomonssiegel – So schafft man bleibende Eindrücke

Nach biblischem Bericht und archäologischem Zeugnis ließ König Salomon im neunten vorchristlichen Jahrhundert den berühmten und bis heute unter den großen Religionen heftig umstrittenen Tempel in Jerusalem bauen. Wie die Legende wortreich hinzufügt, richtete er den Bauplatz auf dem im anstehenden Terrain etwas unebenen Tempelberg dadurch ein, dass er störende Felspartien mit dem Wurzelstock einer Pflanze wegräumen ließ, die sein Siegel trug. Wurzeldruck statt Hammerschlag? Wachsende Pflanzenorgane können selbst festem Gestein recht massiv zusetzen und auf diese Weise die Erosion beschleunigen. Aber Einplanieren im größeren Maßstab …

Zwei dekorative heimische Pflanzen tragen den Namen Salomonssiegel, die Vielblütige und die Wohlriechende Weißwurz (*Polygonatum multiflorum, Polygonatum odoratum*). Aus ihrem kräftigen, mehrfach knickig-knieförmig gebogenen Wurzelstock (griechisch *poly* = viel, *gone* = Ecke, Knie) entwickeln sie jährlich neue Triebe. Beim Absterben im Herbst lassen sie eine vertiefte, münzgroße Stängelmarke zurück, die aussieht wie ein Siegelabdruck. Die zahlreichen vernarbten Leitbündelenden des Vorjahres liefern dazu die Prägedetails. Die Übertragung dieses Bildeindrucks auf den Siegel führenden Salomon ist fromme Bibelgelehrsamkeit – denn andere Fachliteratur hatten die Menschen früherer Jahrhunderte nicht zur Verfügung.

Sonnentau – Glitzern wie kostbare Klunker

An sich ist dieser Name wirklich ein Unding: Tau setzt sich nämlich nur in der feuchten Kühle der Nacht ab und macht dann die Wiesen tropfnass. Sobald die Sonne über den Horizont schaut, ist es mit diesem aparten Wasserperlenzauber rasch vorbei. Ein echter Sonnentau bietet dagegen Glamour für den ganzen Tag. Seine Tautröpfchen sind denn auch nicht aus Wasser, sondern ein sehr zäher Leim. Damit wird die Sache sonnenklar: Der Sonnentau legt mit seinen Glitzerblättern gefährliche Leimruten aus, um damit kleine Bodentiere zu fangen. Alle Sonnentauarten (Gattung *Drosera*, vom griechischen *drosos* = Tau) leben auf nährstoffarmen Moorböden. Die heimtückisch erbeuteten Opfer, vor allem Ameisen und Bodenspinnen, lösen sie mit blatteigenen Verdauungssäften auf und verwerten dann vor allem die organischen Stickstoffverbindungen für das eigene Wachstum.

Nun haben diese Pflanzen ein besonderes Problem. Einerseits sollen ihnen Insekten als gesuchtes Nahrungssupplement auf den verführerisch glitzernden Laubblattleim gehen, aber andererseits benötigen sie diese Tiergruppe auch als essenzielle Blütenbestäuber. Die Lösung ist ebenso einfach wie wirksam: Die Sonnentaublüten (-stände) sitzen an sehr langen Stielen und mindestens eine Handbreite über den für Kleintiere so lebensgefährlich tückischen Klebefallen.

Steinbrech – Ganz schön in der Klemme sitzen

Ein Gartenbeet mit seinen militärisch aufgereihten Salatköpfen muss für die betreffenden Pflanzen ein Paradies sein – der Boden ist tiefgründig, locker und nährstoffreich. Verglichen damit geht es einem Steinbrech in seiner Felsritze geradezu erbarmungswürdig schlecht, denn er hat offensichtlich wenig Entfaltungsraum, kaum Wasser, vielleicht nur ein paar Krümel Erde und immer volle Sonne. Die meisten der heimischen Steinbrecharten (Gattung *Saxifraga*) sind Gebirgsspezialisten und behaupten sich irgendwo in Schrunden und Ritzen des Gesteins, wo die vereinten Effekte von Rieselwasser und Wind eventuell ein paar Löffel Feinerde zusammengetragen haben. Klein- und dichtblättrig sind sie, weil sie mit ihren wenigen Ressourcen erkennbar sparsam umgehen müssen, aber ihre Blütenstände sind unverhältnismäßig üppig. Es sieht wirklich so aus, als würden sie mit ihrem Wurzelwerk gewaltsam den Fels aufsprengen (lateinisch *saxum* = Fels, *frangere* = brechen). Auch eine andere Gattung, die Felsennelken (*Petrorhagia*, von griechisch *pe-*

tros = Fels, *rhaio* = zertrümmern), ist offenbar ein Gesteins-
knacker. Soweit die naheliegende Deutung. In der Zeit vor
Carl von Linné hat man mit *Saxifraga* allerdings auch eine
ganze Reihe von Pflanzen bezeichnet, die man traditionell
als Mittel gegen Gallen- und Nierensteine einsetzt – sozusagen als Steinbruchwerker im Innendienst.

Teufelsabbiss – Geheimnisvoll verräterische Spuren

Da es in der modernen Kulturlandschaft kaum noch Feuchtwiesen gibt, sieht man diese hübsche Pflanze leider nicht
mehr so häufig: Ihre lila bis blauvioletten Blütenstände,
die aus bis zu 70 Einzelblüten bestehen, erinnern stark an
die Blütenkörbchen der Korbblütengewächse, aber die Art
gehört dennoch aus mancherlei morphologischen Gründen zu den nahe verwandten Kardengewächsen. Ihr tief

im Boden steckender Wurzelstock wächst nur am vorderen Ende, stirbt an der Rückseite ziemlich glattrandig ab und sieht deswegen ziemlich eigenartig, nämlich wie abgebissen aus. Der naive bis unwissende Volksglaube konnte sich diese seltsame Form eines unterirdischen Sprossorgans überhaupt nicht erklären und bildete folglich die Legende, der Teufel habe die Wurzel aus irgendwelchen Gründen einfach abgebissen. Das angebliche Teufelswerk blieb als offizieller Pflanzenname Teufelsabbiss erhalten, und auch der wissenschaftliche Name (*Succisa pratensis*) nimmt diesen naiven Erklärungsversuch auf (lateinisch *succidere* = abschneiden).

Teufelsbart – Eine ganz und gar verwegene Haartracht

In der heimischen Botanik geht es fallweise recht bärtig zu. Fast immer ist damit eine Pflanze in der Fruchtreife gemeint, und das nette Bild vom Bart betrifft den Fruchtstand bzw. einzelne Früchte, deren ausgeprägte Behaarung als Ausbreitungshilfe durch Wind oder Tiere zu verstehen ist. Bei den *Pulsatilla*-Arten (vgl. Küchenschelle) sind es stark verlängerte Griffel, die lange, segelfähige Federschweife bilden. Da jedes der zahlreichen Nüsschen ein solches Flugorgan trägt, sieht der umfangreiche Fruchtstand aus wie ein wirrer Vollbart. Naive Gemüter können da leicht an Teufelswerk denken.

Im Erscheinungsbild etwas ziviler stellen sich die vergleichbaren Fruchtstände der alpin verbreiteten Nelkenwurzarten (Gattung *Geum*) dar. Sie kommen auf die gleiche

Weise zustande wie bei den Pulsatillen, obwohl beide Gattungen zwei verschiedenen Familien angehören. Wegen des etwas gesitteteren Aussehens vergleicht die Volksbotanik die Nelkenwurzfruchtstände (ihr Wurzelstock riecht nach Nelkenöl) mit dem Rauschebart des Apostels Petrus und nennt die Pflanzen fallweise Petersbart.

Teufelszwirn – Der lässt nun wirklich nicht mehr locker

Parasiten – da denkt man doch sofort an blutsaugende, saftzehrende oder sonst wie heimtückische Kreaturen, die irgendwo zwischen lästigem Plagegeist und gefährlichem Monster rangieren. Trotz allgemeiner Ächtung sind solche Parasiten außerordentlich interessant, weil sie hochgradige Nahrungsspezialisten darstellen. Man findet sie auch nicht nur bei Flöhen und Fußpilzen oder Wanzen und Zecken, sondern auch bei den höheren Pflanzen. Einige von ihnen haben in Anpassung an ihre seltsame Lebensweise die Gestalt so stark verändert, dass sie auf den ersten Blick gar nicht mehr als Blütenpflanzen erkennbar sind. So ist es unter anderem bei den Teufelsseiden (*Cuscuta*), die man wegen ihrer vielfädigen Verworrenheit auch Teufelszwirn nennt. In Mitteleuropa ist die Gattung mit neun Arten (davon fünf eingeschleppt aus anderen Kontinenten) vertreten. Die wurzellosen und bleichen bis rötlichen Pflanzen bestehen nur noch aus unbeblätterten und immer fadendünnen Sprossachsen. Diese legen sich als meterlange, reichlich verzweigte Geflechte auf ihren Wirtspflanzen mächtig quer und umgarnen somit Stängel und Blätter. An

den Kontaktstellen zapfen sie ihre Wirte mit kleinen Saug-
scheiben an und zweigen deren betriebsinterne Stoffströme
für ihren eigenen Betrieb ab. Wenn es sein muss, tankt eine
Cuscuta auch an sich selbst – offenbar um unnötig lange
Stoffleitungswege zu vermeiden. Man findet diese interessanten Arten bei uns vor allem in Flussauen auf Hopfen
und Brennnesseln.

Türkenbund – Äußerst prachtvoll herausgeputzt

Prinz Eugen, der edle Ritter, würde heute völlig fassungslos
zur Kenntnis nehmen, dass Mitteleuropa mit einem Netz
von Dönerbuden überspannt ist. Aber türkisches Kulturgut
übte auch schon vor seiner Zeit eine gewisse Faszination

aus. Schon in der frühen Neuzeit verglich man die pracht-
volle Blüte der Türkenbund-Lilie (*Lilium martagon*) – ein
hübsches Arrangement aus sechs zurückgebogenen Blü-
tenhüllblättern – mit einer unter Sultan Mohammed I.
um 1420 neu eingeführten Turbanform. Diese spezielle
Kopfbedeckung heißt türkisch *martagan,* was im bereits
von Linné kenntnisreich gewählten wissenschaftlichen Artzusatz klar anklingt. Eine andere sprachliche Deutung
versucht, diesen Begriff vom römischen Kriegsgott Mars
abzuleiten, was in diesem Zusammenhang aber überhaupt
keinen Sinn ergibt. Dagegen könnte der deutsche Pflanzenname Türkenbund eine verschliffene Entlehnung vom
türkischen *tulbent* = Turban sein – ein Wort, das auch im
Namen der Tulpe („Tulipan") steckt.

Venuskamm – Anleihe bei der antiken Kosmetik

Bei den alten Römern hieß sie Venus, bei den noch älteren Griechen Aphrodite – die Göttin erwiesenermaßen umwerfender Schönheit. Für gutes Aussehen brauchte man aber auch schon damals allerhand hilfreiche Gerätschaften. Ein funktionstüchtiger Kamm, mit dem sich die geradezu sagenhaft Schöne nach späterer Loreleymanier ihr – da sie als Schaumgeborene dem östlichen Mittelmeer entstieg – mutmaßlich dunkles Haar ordnete, war sicherlich das bewährte Hilfsmittel der Wahl. Dieses Bild hat die Fantasie früherer Artenbeschreiber enorm angeregt, und folglich finden sich unter den Organismennamen gleich mehrere Venuskämme.

Die pflanzliche Ausgabe ist der zu den Doldenblütlern gehörende Venuskamm (*Scandix pecten-veneris*) – bezeichnenderweise so genannt, weil die bis zu 8 cm langen geschnäbelten Früchte dicht nebeneinander aufrecht stehen wie Kammzinken. Die Begleitflora der Getreideäcker, wo diese Art heute zunehmend seltener vorkommt, liefert praktischerweise auch gleich den benötigten Spiegel: Der Frauen- oder Venusspiegel (*Legousia speculum-veneris*) ist ein Glockenblumengewächs. Der Spiegel ist ein grellgelber Fleck inmitten der leuchtend violettblauen Blüte.

Als Venuskamm bezeichnet man auch die im Meer vorkommende Stachelschnecke (*Murex pecten*). Ihr bis zu 14 cm langes Gehäuse trägt randlich lange, dünne Stacheln, eben aufgereiht wie Kammzinken. Aus den Schnecken dieser Verwandtschaftsgruppe gewann man in der Antike den sehr begehrten Textilfarbstoff Purpur.

Venusnabel – Bemerkenswerte Mittelpunktperspektiven

Mit seinem 1478 fertiggestellten Gemälde „Geburt der Venus" hat der florentinische Maler Sandro Botticelli (1445–1510, eigentlich Alessandro di Mariano Filipepi) ein zweifellos epochales Werk abgeliefert. Blickfang und Zentrum dieser hochformatigen Darstellung ist der Nabel der auf einer Pilgermuschel ruhenden und fast ganz unbekleidet dargestellten Schaumgeborenen. In der italienischen Renaissancemalerei waren solche Pin-ups überhaupt kein Problem. Erst viel später nahm die bildende Kunst zumindest zeitweilig wieder deutlich züchtigere Formen an.

Der Nabel ist – anatomisch-physiologisch betrachtet – eine durchaus bemerkenswerte, weil unentbehrliche (Rest-)

Struktur aus unserer Embryonalentwicklung. Dass man diesen besonderen Bildeindruck aus der eigenen Anatomie gar auf speziell geformte Pflanzenblätter übertrug, mag man als konsequente, aber durchaus bemerkenswerte Notierung ansehen.

Was ist das Besondere daran? Die weitaus meisten Blätter der in unseren Breiten vorkommenden Blütenpflanzen haben einen relativ kurzen (beispielsweise Rotbuche) oder fallweise auch deutlich längeren Blattstiel (Fallbeispiele sind Ahorn oder Rosskastanie). Daran schließt sich die meist breitflächig ausgebreitete Blattspreite mit ihrer Art kennzeichnenden Blattrandgestaltung und dem typischen Verzweigungsmuster der Blattaderung an. Eher ausnahmsweise setzt nun der tragende Blattstiel nicht am unteren Blattrand, sondern ziemlich exakt in der Blattmitte an. Das Ergebnis sind Blattgestalten, die wie nach außen geklappte Regenschirme aussehen. Solche Blattformen nennt man peltat. Von oben betrachtet erinnern diese Blattformen tatsächlich ein wenig an eine Nabelform. Eines der eher seltenen Beispiele für peltate Blätter aus der heimischen Flora wäre der Wassernabel (*Hydrocotyle vulgaris*). Ungleich bekannter ist sicherlich die aus Mexiko stammende Kapuzinerkresse (*Tropaeolum majus*).

Der mit hübsch rundlichen, leicht dickfleischigen (sukkulenten) und immerhin in bemerkenswert passender Bauchnabeldimension bemessenen Blättern ausgestattete Venusnabel (*Umbilicus rupestris*) ist in Westeuropa (Bretagne, Cornwall, Irland) eine sehr häufige Pflanze auf Küstenfelsen und küstennahen Mauern oberhalb der Gezeitenlinie. Bei uns ist dieser klassische Fugenbewohner in den Küstengebieten bislang noch nicht genügend winterfest – aber das könnte sich angesichts des Klimawandels in naher Zukunft durchaus ändern.

Wasserfeder – Superschicke Sumpfblüte

Von Wassergeflügel hat man schon gehört, und manchmal schwimmt auch eine Entenfeder auf dem Stadtparkteich, aber eine Wasserfeder? Die Vogelfeder dient in diesem Fall als Vergleichsobjekt für die bemerkenswert feinfiederig zerteilten Unterwasserblätter von *Hottonia palustris*, einer bildschönen heimischen, aber leider selten gewordenen Vertreterin der Primelgewächse in seichten heimischen Stillgewässern mit tiefen Schlammböden. Der von Carl von Linné eingeführte wissenschaftliche Gattungsname ehrt den Leidener Arzt und Botaniker Pieter Hotton (1648–1709), der um 1670 das damals niederländische Südafrika bereiste und in der Kapregion Pflanzen sammelte. Als Wildpflanze ist die aparte *Hottonia* geschützt, wird aber in Gartencentern als empfehlenswerte Art für Gartenteiche angeboten. Sie übersteht auch das winterliche Einfrieren recht gut.

2

Kreuz und quer durch Anatomie und Morphologie

© Springer-Verlag Berlin Heidelberg 2016
B. P. Kremer und K. Richarz, *Was alles hinter Namen steckt*,
DOI 10.1007/978-3-662-49570-4_2

Die stehen in keinem Lehrbuch

Weil es in der Umgangssprache und auch in wissenschaftsori-
entierten Kreisen üblich ist, von pflanzlichen bzw. pilzlichen
Sachverhalten zu sprechen, haben einige sprachpuristische Gemüter unter den Fachkollegen intensiv angeregt, man möge
doch statt „tierisch" lieber von „tierlich" sprechen. Diesem Vor-
schlag könnte man, obwohl er eher nur ein nebensächliches
semantisches Problem betrifft, durchaus etwas abgewinnen,
aber solange er noch nicht in den gängigen Wörterbüchern
der deutschen Sprache (etwa im Duden resp. Wahrig) als ver-
bindliche Regelung verankert ist, bleiben wir vorerst bei der
eingeführten Notierung „tierisch".

So nehmen wir in diesem Kapitel die fallweise doch recht
abgedrehte Verwendung von Begriffen aus der Anatomie
bzw. Morphologie überwiegend der Tiere in den Blick, aber
auch einige nette Namen aus anderen organismischen Ver-
wandtschaftskreisen. Hier sind aus der relativ oberflächlichen
Betrachtung hervorgegangene Begriffe ebenso vertreten wie
naive Übertragungen aus anderen Bereichen der erlebten Natur. Ein „Mausohr" muss demnach durchaus nicht das äußere
Gehörorgan eines Kleinsäugers bezeichnen, und eine „Rote
Bohne" ist sicherlich keine neue Variante der fatal bekannten
blauen Bohnen.

Die Benennung von Tierarten nach längst aus der Kulturgeschichte vertrauten Gestaltbegriffen der Alltagswahrnehmung
ist gleichsam seit Jahrhunderten üblich. Man orientierte sich in
der Wahl der zu bildenden Objektbezeichnungen eben an den
allenthalben bekannten Benennungen und schuf somit eine interessante Klasse von Organismennamen, die uns daher – weil
weitgehend losgelöst vom soziokulturellen Umfeld ihres Ent-
stehungszeitraumes oder vom eigentlichen Benennungsanlass
– heute als überaus seltsam bzw. betont erklärungsbedürftig
erscheinen müssen.

Blasenfuß – Fußblasen können auch hilfreich sein

Blasen an den Füßen – das weckt im Allgemeinen keine sehr angenehmen Erinnerungen an die eine oder andere folgenreiche Malträtierung unseres Gehwerks, entweder als Konsequenz einer zu ausgedehnten Wanderung und/oder auch noch in ungeeignetem Schuhwerk. Jede Apotheke hält für die Therapie solcher Malaisen ein breit gefächertes Arsenal von Pflastern und Salben bereit.

Von unseren persönlichen Füßen reden wir hier aber gar nicht, sondern von den Vertretern einer eigenen Insektenordnung, der man zudem den eigenartigen Namen Fransenflügler (*Thysanoptera*) gegeben hat. Diese Verwandtschaftsgruppe ist zwar allgemein nur wenig bekannt, umfasst aber weltweit immerhin weit über 5000 verschiedene Arten. Davon kommen in Mitteleuropa immerhin etwa 400 Spezies vor. Die meisten sind recht klein und messen nur um 1 mm. Weil sie sich ernährungstechnisch jedoch als Pflanzensauger betätigen, können sie bei massenhaftem Auftreten in der Forst- oder Landwirtschaft durchaus unangenehm auffallen.

Aber wieso Blasenfüße? Die Adulttiere (*Imagines*) haben an den Engliedern ihrer Füße eine lappenartige Zusatzeinrichtung, die sie durch innere Druckerhöhung mit Hämolymphe aufpumpen und dann ballon- bzw. blasenartig ausstülpen können. Diese Einrichtung, die durch eine besondere Drüse auch noch befeuchtet wird, ermöglicht den Tieren das bessere Anheften an sehr glatte pflanzliche Oberflächen. Blasenfüße, insbesondere die Vertreter der im Erwerbspflanzenbau nicht besonders beliebten Gattung *Thrips*, werden mit diesem anatomisch überaus interessanten Hilfsmittel zu einer echten „Gesellschaft mit beschränkter Haftung".

Blutströpfchen – Gleich zweimal nett verniedlicht

Die Zygaenidae sind eine auch in Mitteleuropa vorkommende Schmetterlingsfamilie – man nennt sie seltsamerweise Blutströpfchen oder Widderchen. Die verniedlichende Nachsilbe -chen spielt dabei auf die Größe (eher Kleinheit …) dieser hübschen, fast ausschließlich am Tag fliegenden „Nachtfalter" an, von denen bei uns etwa 30 Arten vorkommen. Widderchen heißen sie wegen ihrer meist zur Spitze verdickten und leicht nach außen gebogenen, bei den beiden Geschlechtern unterschiedlich dicken Fühler, die ein wenig an ein Widdergehörn erinnern. Ihren Namen Blutströpfchen verdanken sie der Vorderflügelzeichnung: Die meisten Arten tragen auf den schmalen, schwarz glänzenden Vorderflügeln leuchtend karminrote Flecken, wobei einige auch einheitlich grün gefärbt sein können wie das Grünwidderchen. Widderchen besuchen gerne die Blütenstände von Skabiosen, Disteln, Kleearten und Dost. Dort kann man sie manchmal in ganzen Gruppen sogar aus nächster Nähe beobachten (und fotografieren). Blutströpfchen zeigen nämlich keinerlei Scheu. Sie verlassen sich ganz auf ihre schwarz-rote Warnfärbung, die allen potenziellen Fressfeinden sofort ihre Ungenießbarkeit signalisiert. Viele unserer Blutströpfchen/Widderchen tragen übrigens die Namen ihrer Vorzugs-Raupenfutterpflanzen, vom Klee- bis zum Thymian-Widderchen.

Bocksbart – Haustierattribute auf der grünen Wiese

Bei den meisten Rassen der Ziegen, die in Mitteleuropa unter anderem als vierbeinige Landschaftspfleger zum Verbiss von Gehölzen in wertvollen Offenland-Naturschutzgebieten im Einsatz sind, tragen die männlichen Tiere am Kinn bzw. Unterkiefer einen kennzeichnenden Ziegenbart in unterschiedlicher Länge. Dieses besondere Attribut hat wohl auch den von den jungen Linken seinerzeit stark verehrten Revoluzzer Ho Chi Minh (1890–1969) stark beeindruckt, denn alle Abbildungen aus seinen späteren Lebensjahren zeigen ihn mit dieser spezifischen Barttracht.

Als Bocksbart ist jedoch auch eine heimische Fettwiesen-
pflanze bekannt: Der Wiesen-Bocksbart (*Tragopogon pra-
tense*; von griechisch *tragos* = Ziege und *pogon* = Bart) ist
eine schmucke Pflanze bis 70 cm Wuchshöhe mit großen,
oft über 5 cm breiten, hellgelben Korbblüten, die sich nur
vormittags und außerdem nur bei sonnigem Wetter öffnen.
Daran kann man das Namen gebende Merkmal aber zunächst noch nicht erkennen. Dieses zeigt sich nämlich erst
bei der Fruchtreife: Mit seinen vorragenden Pappushaaren
(= umgewandelte Kelchblätter der Einzelblüten), die wenig
später den Flugapparat der Früchte bilden, sobald sich die
Korbblüte auch in diesem Fall zur Pusteblume gewandelt
hat, erinnert der noch unreife Fruchtstand an einen klassischen Ziegenbart. Reif und voll entfaltet bietet er mit seinen

großen und äußerst feinhaarigen Flugapparaten einen formalästhetisch recht beeindruckenden Aspekt.

Dickfuß – Meist nächtens auf der Pirsch

Er ist schon etwas ganz Besonderes in unserer europäischen Vogelfauna: Der etwa taubengroße, sandfarbene und deswegen prächtig getarnte Triel ist tagsüber nur wenig aktiv. Bei Gefahr drückt er sich auf den Boden, bewegt sich langsam in geduckter Haltung oder läuft unter Ausnutzung der meist spärlichen Deckung rasch weg. Erst beim Auffliegen nach kurzem Anlauf werden die kennzeichnenden schwarzweißen Flügelmarken im Trielgefieder sichtbar. Als Einziger von neun Arten aus der Trielfamilie hat sich unser Triel aus den Tropen und Subtropen so weit nach Norden vorgewagt und ist folgerichtig der einzige Zugvogel seiner

Sippe. Richtig aktiv werden Triele erst in der Dämmerung, wenn sie auf Pirsch nach bodenbewohnenden Wirbellosen und kleinen Wirbeltieren bis Maus- und Reptiliengröße gehen. *Burhinus oedicnemus* heißt der Triel mit wissenschaftlichem Namen, wobei es für den Gattungsnamen zwei Erklärungen gibt. Vielleicht wollte man mit „Rindernase" (griechisch *bous* = Rind und *rhinos* = Nase) sein ochsenähnliches Aussehen ansprechen, das durch den dicken, kurzen Schnabel und die großen, gelben Nachtaugen zustande kommt. Vielleicht ist damit auch die „Rinderhaut" (griechisch *rhinon* = Fell/Rinderhaut) an den fleischigen Beinen des Vogels gemeint. Sein Namenszusatz *oedicnemus* = Dickfuß (von griechisch *oideo* = schwellen und *kneme* = Wade) stimmt allemal. Seine kräftigen Beine mit den deutlich verdickten Laufgelenken sind ein gutes Erkennungsmerkmal der Art, wenn Dickfuß in Halbwüsten und Steppen sowie auf Ödland und den Schotterflächen großer Wildflüsse auf die Pirsch geht.

Doppelschwanz – Nur ein Kopf, aber zwei Enden

Manche reden mit gespaltener Zunge. Und Schlangen riechen sogar mit ihrer Doppelzunge, wenn sie „züngeln" und die beiden duftbeladenen Zungenspitzen anschließend in ein besonderes Organ im Gaumendach stecken. Aber Doppelschwänze? Diesen Namen (*Diplura*) verwenden die Zoologen für eine kleine Gruppe flügelloser Urinsekten, die in Mitteleuropa nur mit etwa einem Dutzend Arten vertreten ist. Alle heimischen Doppelschwänze sind höchstens 2 mm lange Bodentiere. Da es in ihrem finsteren Lebensraum im Boden partout nichts zu sehen gibt, haben sie nicht einmal Augen. Am elften Körpersegment tragen sie zwei fadenförmig lange oder zangenförmig kurze Anhänge, die ihnen den Namen geben. Während die Fadenschwänzigen sich überwiegend von Bodenpilzen ernähren, sind die Zangenschwänzigen Jäger und Räuber: Sie ergreifen mit ihren Schwanzzangen sogar ihre fadenschwänzigen Verwandten und verbiegen sich bei der Mahlzeit skorpionartig, indem sie den Hinterleib nach vorne über den Kopf krümmen. Bemerkenswert ist das Materialrecycling aller Doppelschwanz-Arten: Wenn sie sich gehäutet haben, fressen sie ihre zu eng gewordene Chitinhülle auf, um deren Baustoffe erneut zu verwenden.

Elefantenzahn – Allein unterwegs am Meeresboden

Kahnfüßer (*Scaphopada*) heißt eine kleine Weichtierklasse mit etwa nur 350 Arten. Sie fallen durch ihre einzigartige Gehäuseform auf: Die Kahnfüßergehäuse sind nämlich vorne und hinten offene, an einer Seite sich stark verjüngende Röhren. Mit ihrer gebogenen Form gleichen sie den Stoßzähnen von Elefanten. Allerdings sind diese Elefantenzähne bei Längen zwischen 2,5 und 12 cm lediglich Stoßzähne in Miniaturformat. Die Gehäuseoberfläche der Kahnfüßer ist meist weiß, glatt oder längs gerippt. Ihre Innenseite wird von einem Mantel ausgekleidet, der bauch-

seits eine röhrenförmige Mantelhöhle freilässt. Diese kann
durch Längsmuskeln verengt werden. Durch schlagende
Wimpern strömt stetig Wasser durch die Mantelröhre.
Ein fingerförmiger Fuß, der aus dem Gehäuse am dicken
Ende herausragt, dient zum Graben in den obersten Sand-
schichten. Über dem Fuß liegt im Gehäuse ein zu einem
Mundrohr reduzierter Kopfteil, an dessen Basis Fangfäden
sitzen. Mit diesen dünnen, am Ende verdickten Fortsät-
zen fängt der Elefantenzahn kleine Beutetiere aus dem
umgegrabenen Sandlückensystem des Bodens. Klebt eine
Beute fest, werden die ausgestreckten Fangfäden schnell zu-
rückgezogen und zur Mundöffnung geführt. Kammerlinge
(*Foraminiferen*) sind die Spezialnahrung der Kammfüßer.
Deren Schalen werden leicht durch die vielzähnige Radula
im Schlund des Elefantenzahns geknackt. Beim Umgraben
verschwindet der Elefantenzahn mit bis zu zwei Dritteln
seiner Gehäuselänge im Boden. Wenn er in Gänze daraus
wieder auftaucht, hat er seine Grabungsstätte abgegrast und
macht sich auf die Suche nach einem neuen Fressplatz.
Wo mehrere leere Elefantenzahngehäuse am Meeresboden
liegen, könnte man als Taucher schon mal an einen Elefan-
tenfriedhof im Miniaturformat erinnert werden.

Engelsflügel – Auch Muscheln können bohren

Wegen ihrer hübschen Formen und Farben sind Muschelschalen ein äußerst beliebtes Sammelgut in jedem Urlaub
am Meer. Kaum jemand kann den netten Rundungen der

leeren Schalen widerstehen. Viele von ihnen erhielten wegen ihrer besonderen Ästhetik recht blumige Namen. So ist auch mit dem Engelsflügel nicht etwa der Fortbewegungsapparat von himmlischen Wesen, sondern eine Muschel gemeint. Die Schalenhälften ihres hellen, dünnen Gehäuses haben tatsächlich eine gewisse Ähnlichkeit mit Engelsflügeln. Wie die echten Bohrmuscheln es tun, bohrt sich auch *Petricola lithophaga* mit ihrem ovalen, lang gestreckten Gehäuse durch die gemeinsame Aktion von Raspeln und Säureattacken in weiches Kalkgestein, in derbwandige Schalen anderer Muscheln und sogar in das Holz von Hafenbauten. Dort kann der Steinbohrende Engelsflügel, wie er vollständig heißt, beträchtlichen Schaden anrichten. Der Zusatz *lithophaga* im Artnamen bedeutet übrigens wörtlich übersetzt Steinfresser. Engelsflügel hin oder her: Dabei erwischt, ist er sicher schon oft kräftig verflucht worden.

Erpelschwanz – Ein wirksames weibliches Lockmittel

Im Prachtkleid der Stockentenerpel sind vier schwarze, ringelförmig aufwärts gebogene Steuerfedern am sonst weißen Schwanz unserer häufigsten Entenart ein unverwechselbares Erkennungsmerkmal. Wie viele ihrer männlichen Artverwandten schinden auch die Stockentenerpel im Prachtgefieder und mit ihrem Balzritual bei der Weiblichkeit mächtig und bemerkenswert erfolgreich Eindruck. Wer sich als Stockentenweibchen mit einem solchen „Showman" einlässt, handelt sich allerdings einen bemerkenswerten Nachteil ein: Um die Brut und Jungenaufzucht darf sich anschließend die unscheinbar gefärbte Kindsmutter ganz alleine kümmern.

Wohl wegen einer an einen Erpelschwanz erinnernde Verhaltensweise trägt ein Nachtschmetterling (*Clostera curtula*) ihn als Namen. Bei den etwa 3 cm großen Faltern, die auf ihren rötlich grauen Flügeln einen rotbraunen Fleck an der Flügelspitze tragen und von April bis August unterwegs sind, übernehmen – nun so gar nicht entenartig – die Weibchen die Rolle als „Lockvögel". Dazu biegen sie im Sitzen ihren Hinterleib zwischen den aneinandergelegten Flügeln wie einen Erpelschwanz nach oben. Nach der Eiablage entwickeln sich die Raupen an Pappeln und Weiden. Ihr Versteck bauen sie sich zwischen zusammengesponnenen Blättern, bis sie schließlich als Falter ihrem Namen Erpelschwänze zumindest im weiblichen Geschlecht wieder alle Ehre machen.

Essigälchen – Gib ihnen Saures!

Die etwas anderen Lebensräume, die sich mit ihren ökolo-
gischen Profildaten von Gartenteich, Gemüsebeet oder Ge-
treideacker doch recht erheblich unterscheiden, findet man
nicht nur in der entlegenen Antarktis oder mehrere Kilometer tief unter dem Meeresspiegel. Mitunter sind sie buchstäblich fast zum Greifen nahe: Die Karaffe mit Balsami-
coessig im schicken Nobelrestaurant ist beispielsweise ein
solcher Extrembiotop. Darin könnte sich nämlich eine größere Schar Essigälchen (*Turbatrix aceti*) tummeln. Die etwa
2 mm langen und allenfalls als leichte Trübung wahrnehm-
baren Tiere, schlank und spitz wie große Aale, gehören zu
den artenreichen Fadenwürmern (*Nematoden*) und ertragen
enorme Säurekonzentrationen bis pH 2. Aber auch mit Ba-
sen um pH 9 kann man sie nicht besonders beeindrucken.
Diese Winzlinge sind überhaupt nicht gefährlich, aber man
empfand sie in der Kulinarik offenbar als unliebsam: Ihr
wissenschaftlicher Name *Turbatrix aceti* bedeutet nämlich
„Störerin des Essigs".

Ein naher Verwandter, das Kleisterälchen (*Panagrellus re-
divivus*), ist nicht weniger kurios. Es bevölkert gerne die
Tapeten feuchter Wohnungen und kommt fallweise sogar
in Bierdeckeln vor.

Goldafter – Bei Weibchen sogar besonders dick

Der Goldafter (*Euproctis chrysorrhoea*) ist ein Nachtfalter aus der Familie der Trägspinner. Bis auf einzelne kleine, schwarze Punkte, die aber häufig auch fehlen, sind seine Flügel so reinweiß wie seine übrige Körperbehaarung. Einzige Ausnahme ist der Namen gebende goldgelbe Afterbusch, der beim Falterweibchen besonders dick und ausgeprägt, beim Männchen dagegen nur schwach angedeutet ist. Mit seinem üppigen, goldigen „Hintern" bedeckt das Goldafterweibchen sein umfangreiches Eigelege, aus dem später die gefräßigen Raupen schlüpfen. Ganz und gar nicht wählerisch, fressen sie an fast 30 verschiedenen Pflanzenarten, vor allem an Bäumen und Sträuchern. Ganz oben in der Beliebtheit als Futterpflanzen für die Raupen der Mütter mit dem dicken goldenen Afterbusch stehen Rosengewächse (vor allem Obstbäume), wobei Weiden, Birken oder Buchen auch nicht verschmäht werden.

Zum rundlichen goldfarbenen Hinterteil gibt es eine erwähnenswerte Fortsetzungsgeschichte. Unlängst entdeckte und beschrieb man in Australien eine neue Fliegenart aus der Familie der Bremsen. Sie ging als *Scaptia beyonceae* in die Fachliteratur ein, weil die Autoren sich angesichts dieser so empfundenen Diva unter den Pferdebremsen an die beachtlich kurvige Rückseite der amerikanischen Popsängerin Beyoncé (Giselle Knowles-Carter) in ihrer offenbar eindrucksvollen goldfarbenen Bühnengarderobe erinnert fühlten.

Goldauge – Mit Schleierflor und Ei am Stiel

Nach ihrer bezeichnenden Augenfarbe wird die Gewöhnliche Florfliege (*Chrysopa perla*) häufig auch „Goldauge" genannt. Geradezu elfenhaft wirkt sie, wenn ihre hauchdünnen durchschimmernden Flügel den schlanken, etwa 1 cm großen Körper wie mit einem Schleierflor umhüllen. Die Florfliegen mit den großen, goldgrün schillernden Augen leben an Bäumen und Sträuchern. Dort ernähren sie sich fast ausschließlich von Blattläusen. Denen spritzen sie ein giftiges Sekret ein, das innerhalb von Minuten deren Inneres auflöst und von den Goldaugen als Cocktail eingesaugt wird. Florfliegen fallen uns oft erst auf, wenn sie – vom Licht angelockt – in der Dunkelheit Lampen anfliegen oder in unseren Häusern überwintern. Im Herbst und Winter färbt sich ihr Körper dann rotbraun, um im Frühling, à la saison durchaus passend, wieder zu ergrünen. Dann verlassen die Goldaugenweibchen ihre Winterquartiere und legen ihre Eier an Blättern und Stängeln ab. Dabei klebt das Weibchen zunächst einen Sekrettropfen auf die Unterlage, zieht ihn dann durch Heben des Hinterleibs zu einem Faden aus und befestigt je ein Ei auf dem erhärteten Sekretfaden. Die aus den Eiern am Stiel geschlüpften Florfliegenlarven fallen sofort mit wahrem Löwenhunger über Blatt-, Schildläuse oder Milbeneier her. Deswegen heißen die jungen Goldaugen zu Recht „Blattlauslöwen".

Hahnenkamm – Sieht eher aus wie eine Koralle

Wenn jemandem der Kamm schwillt oder der Kamm hochgeht, ist er offenbar sichtlich zornig, wird wütend, vielleicht auch herausfordernd, übermütig oder sogar eingebildet – die klassischen Attitüden von Parteitagsrednern und sonstigen Politikern. Das Bild ist abgeleitet vom Haushahn, dessen stolz getragenes Markenzeichen sich immer dann stärker rötet, wenn er heftig erregt ist.

Ohnehin ist der auf dem Kopf der Haushühner bei beiden Geschlechtern aufsitzende, fleischige und gezackte Hautlappen der Hähne größer. Während sich die „Manneszier" nach einmal erreichter Größe nicht mehr verändert, lässt sich am kleineren Kamm der Hennen ihr physiologischer Zustand ablesen. Hennenkämme sind während der Legeperiode größer und verkleinern sich in den Legepausen sowie während der Mauser. Bei einigen Haushuhnzuchtformen tragen die Hähne ganz ungewöhnliche Kämme. Es kommen Blätter- oder Schmetterlingskämme aus zwei nebeneinanderliegenden, gezackten Blättern, Erbsenkämme aus drei Reihen von Fleischhöckern oder Rosenkämme als breite, warzige, nach hinten in einen Dorn auslaufende Wülste vor. Auch können auf den Kämmen Federn sprießen und so bei manchen Hühnerrassen zu Federhauben werden. Nicht nur schmuck, sondern auch schmackhaft sind die Hahnenkämme. Sie wurden früher als Delikatesse in Hühnerbrühe mit Zitronensaft gegart, als Ragout zubereitet, mit Trüffeln oder Farce gefüllt, paniert oder durch Teig gezogen und gebacken.

Der Hahnenkamm ist aber nicht nur der besondere Kopfschmuck verschiedener Vertreter der Hühnervögel, sondern auch eine so bezeichnete heimische Pilzart, deren übrige Verwandte man nach ihrer eigenartigen, vom üblichen Bild eines Pilzes völlig abweichenden Wuchsform als „Korallen" führt. Die seltsame Bauchwehkoralle (*Rama-*

ria pallida) führt bereits in ihrer Benennung einen klaren und ernst zu nehmenden Warnhinweis. Der Hahnenkamm (*Ramaria botrytis*) ist eine relativ seltene Art dieser Gattung und ebenfalls absolut nicht zu genießen, aber auf jeden Fall hübsch anzusehen.

Hundsrute – Das ist nun wirklich unverschämt!

Die Naturhistoriker des 18. Jahrhunderts waren wahrscheinlich leicht schockiert: Nein, das gibt es doch gar nicht, das sieht ja aus wie, nun ja, das aktionsbereite Begattungsorgan des männlichen Hundes! Die Formähnlichkeit ist in der Tat beeindruckend. Der so benannte Pilz (*Mutinus caninus*) gehört in die verwandtschaftliche Nähe der Boviste.

Noch ärger treibt es übrigens die Stinkmorchel – sie trägt sogar den bezeichnenden wissenschaftlichen Namen *Phallus impudicus* – der ganz und gar Schamlose. Beide Arten strapazieren nicht nur die Fantasie, sondern auch die Nase, denn sie stinken wirklich erbärmlich. Fliegen sind von diesem unglaublichen Aasgestank offensichtlich äußerst entzückt und kommen in Scharen: Sie finden zwar kein faulendes Fleisch, in das sie ihre Eier legen könnten, tragen aber in kurzer Zeit die glibberige Fruchtmasse ab und verbreiten so Unmengen von Pilzsporen in neue Lebensräume.

Judasohr – Es bleibt immer etwas hängen

Es gilt als recht schmackhaft, wenngleich es im Alter ein wenig zäh wird. Aber keine Sorge – diese Beschreibung stammt nun wirklich nicht aus einem Kochbuch für Kannibalisten, sondern kennzeichnet die heimische Pilzart *Auricularia auricula-judae*, deren bräunliche Fruchtkörper im feuchten Zustand tatsächlich wie vereinzelte Ohren aussehen. Zum Verständnis der zugegebenermaßen seltsamen Namensgebung muss man ein wenig in das Neue Testament eintauchen: Zwei Evangelien (Mk 3,19 sowie Mt 10,4) berichten vom Verrat des Jüngers Judas an Jesus durch einen Kuss – ein früher gerne dargestelltes Sujet der Malerei, beispielsweise von Giotto di Bondone (1266–1337) in der weltbe-

rühmten Cappella degli Scrovegni in Padua. Nachdem er
seinen schmählichen Verrat eingesehen hatte, wurde Judas
von enormen Gewissensbissen geplagt und erhängte sich –
so der biblische Bericht – an einem Holunderstrauch. Dazu
passt nun wunderbar, dass *Auricularia* als Saprobiont nur an
alten Stämmen des Schwarzen Holunders (*Sambucus nigra*)
zu finden ist.

Langohr – Können Osterhasen fliegen?

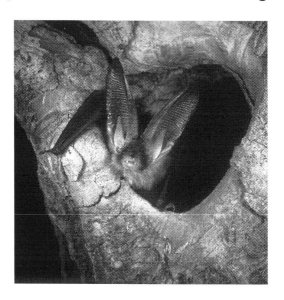

Wegen der langen Ohren, jägerisch auch Löffel genannt,
bezeichnet man unseren Feldhasen gerne als „Meister Langohr". So gar nichts mit dem Feldhasen gemein, der ja zur
zoologischen Ordnung der Hasenartigen (*Lagomorpha*)

zählt, hat ein anderes, langohriges Säugetier. Etwa 5–11 g leicht, kommt es mit häutigen Flügeln und etwa 25 cm Spannweite angeflattert. Wenn wir mehr als nur einen Schatten von diesem nächtlichen Flugobjekt wahrnehmen könnten, würde es uns an einen fliegenden Osterhasen erinnern. Weil die Ohren dieser Fledermaus mit über 4 cm Länge fast so groß wie das restliche Tier sind, taufte man es zu Recht „Langohr". Zwei Arten, das Braune und das Graue Langohr (*Plecotus auritus*, *Plecotus austriacus*) sind bei uns heimisch. Nachdem sie den Tag in Spaltenverstecken auf Dachböden, in Baumhöhlen oder Nistkästen verdöst und verschlafen haben, fliegen die Langohren meist erst bei Dunkelheit aus, um im langsam gaukelnden Flug oder rüttelnd vor Blattwerk und Wänden mittels ihrer gewaltigen Lauscher feinste Krabbelgeräusche der Beuteinsekten wahrzunehmen. Hat sich ein Falter verraten, wird er vom Langohr mit insektenfresserähnlich spitzen Zähnen gepackt, im Mund zum Fraßplatz getragen und dort genüsslich verspeist. Während der Schmetterlingsrumpf mit Stumpf und Stiel im Langohrmagen landet, fallen die Falterflügel als Speiseabfall trudelnd zu Boden. Wenn wir einen Langohrfraßplatz entdecken, meist geschützt unter Dach oder Vordach, können wir anhand der Flügelreste auf den ersten Blick etwas über das Vorzugsbeutespektrum dieser kleinen Nachtkobolde erfahren. Zudem ist ein Langohrfraßplatz immer auch mit den kleinen, aufgrund darin enthaltener Schmetterlingsreste etwas pelzigen Kotpellets der Lauschjäger garniert. Beim Schlafen, ob Tages- oder Winterschlaf in Höhlen und alten, feuchten Kellern, falten Langohren ihre Lauscher nach hinten und klemmen sie unter die Unterarme. Nur die Ohrdeckel stehen dann wie kleine Teufelshörner nach vorn und täuschen Öhrchen vor. Auch beim Entfalten der Ohren vor dem Start sehen Langohren mit ihren verhältnismäßig großen Knopfaugen nicht nur putzig, sondern auch besonders interessant aus. Ihre noch leicht nach hinten gebogenen Riesenohren erinnern dann etwas an ein mächtiges Widdergehörn.

Mausohr – So ganz und gar nicht mausig

Der deutsche Name der Säugetierordnung zeigt, was Menschen beim Anblick von Fledermäusen nicht selten dachten: „Da kommt uns doch tatsächlich eine geflügelte Maus entgegen!" Doch mit solchen Äußerlichkeiten endet auch

schon die Beziehung zwischen Mäusen und Fledermäusen. Zwar sind beide Säugetierordnungen und viele ihrer
Arten klein und braun oder grau bepelzt, aber das ist die
einzige auffälligere Gemeinsamkeit. Während die Echten
Mäuse eine Familie innerhalb der artenreichen Säugetierordnung der Nagetiere bilden, gehören die Fledermäuse
einer eigenen Ordnung an, derjenigen der Fledertiere oder
Handflügler (*Chiroptera*). Parallel zu den Vögeln entwickelten sie vor über 50 Millionen Jahren den aktiven Flug.
Diese „Erfindung", zusammen mit der Fähigkeit, sich mit
Ortungsrufen im Ultraschallbereich und den zurückkehrenden Echos (Echoortung) im Dunkeln zu orientieren,
war offensichtlich so erfolgreich, dass heute weltweit über
900 Arten von Kleinfledermäusen (Unterordnung *Micro-
chiroptera*) auf Nachtflug unterwegs sind. Die fast 200 Arten
der Flughunde (*Megachiroptera*), der zweiten Unterordnung
der Fledertiere, verlassen sich bei ihrer Suche nach Früchten
und Blüten dagegen ganz auf ihre ausgezeichneten Nachtaugen und den hervorragenden Geruchssinn. Wer nicht nur
vom Fell her, sondern auch noch wegen seiner Ohren an
eine Maus erinnert, braucht sich nicht wundern, wenn er
Mausohr genannt wird. Das Mausohr (*Myotis myotis*) ist
unsere größte heimische Fledermausart. Auch in puncto
Geselligkeit sind Mausohrweibchen bei uns kaum zu schlagen. Im Sommer bilden sie Kolonien mit bis zu 2000 Tieren
und ziehen in diesen „Wochenstuben", meist auf ungestör-
ten, großen Dachböden, ihre Jungen gemeinsam groß.
Und spätestens beim Jungenkriegen und -aufziehen sind
Fledermäuse überhaupt nicht „mausig". Während Mäuse
sehr viele Kinder in kurzen Abständen produzieren, setzen
Fledermäuse eher auf das „Wenigkindmodell". Die Fleder-

mausweibchen, so auch das Mausohr, investieren ganz in die aufwendige Betreuung viel umsorgter Einzelkinder, gelegentlich – bei einigen Arten sogar regelmäßig – auch von Zwillingen.

Nadelspitz – Letztlich nicht so ganz passend

Der/die Nadelspitz (*Ocinebrina aciculata*) gehört zu den Stachelschnecken (*Muricidae*). Sie und ihre weitere Verwandtschaft, einschließlich der Muscheln, waren wegen ihrer ebenso ästhetisch schönen, oft ungewöhnlichen und immer haltbaren Gehäuse beliebte Sammler- und Forschungsobjekte. Kein Wunder, dass man vielen Arten sehr blumenreiche Namen verpasste. Doch sind diese auf den ersten Blick nicht immer besonders zutreffend. Zwar hat die Nadelspitz-Schnecke eine schmale, spindelförmige Gestalt, „nadelspitz" ist sie jedoch keineswegs. Nur im Vergleich mit den anderen Arten ihrer Gattung *Ocinebrina*, die sich durch bauchig-spindelförmige Gehäuse mit breiten Axialwülsten sowie darüber laufenden Spiralstreifen auszeichnen, und deshalb Wulstschnecken genannt werden, ist die rotbraune *Ocinebrina aciculata* deutlich schmaler, mit schwach ausgebildeten Axialwülsten und einheitlich schmalen Spiralstreifen. Wenn dieser Muschelräuber im Flachwasser von Atlantik, Nordsee oder Mittelmeer gefunden wird, fällt er zumindest für sachkundige Malakozoologen (Weichtierkundler) aus dem üblichen Rahmen der „bauchbetonten" Wulstschnecken. Womit sein Name „Nadelspitz" schon fast wieder verständlich wäre.

Nase – Immer schön flach am Boden

Ihre weit hervorragende, stumpfe Schnauze hat der Nase (*Chondrostoma nasus*) ihren Namen eingebracht. Immerhin ist das nasenähnliche Vorderende dieses Süßwasserfisches der Äschen- und Barbenregion von Fließgewässern so charakteristisch, dass sie auch zu seinem wissenschaftlichen Artnamen wurde. Diese Schwarmfische halten sich meist in Bodennähe an flach überströmten Kiesbänken auf. Dort richten sie ihre Nase (Schnauze) zum Boden, um hier Algen von Steinen oder Kleintiere aufzunehmen. Diese einstige Massenfischart leidet heute vor allem unter der Verbauung der Fließgewässer. Infolge von Staustufen und Wehren werden viele ihrer Laichplätze zerstört, die Laichwanderung in geeignete Nebenbäche mit Kiesbetten wird verhindert. Auch die vom Menschen verursachte Gewässerverschmutzung gefährdet die Art. Zum Schutz der Bestände gibt es bei uns vorgeschriebene Schonmaße und Schonzeiten. Während der Fangzeiten müssen Nasen unter dem Schonmaß von 25–30 cm wieder in ihr Gewässer entlassen werden. Wenn die Nasen von März bis Mai schwarmweise flussaufwärts in ihre Laichgewässer ziehen, dürfen die dann mit einem Laichausschlag in Form sternförmiger Punkte am Kopf verzierten „Hochzeiter" ebenfalls nicht gefangen werden. Um auf ihre Gefährdung aufgrund schädigender Einflüsse des Menschen auf ihren Lebensraum aufmerksam zu machen, wurde die Nase 1994 in Deutschland sowie 2003 und nochmals 2015 in Österreich zum Fisch des Jahres gekürt. Hoffentlich helfen derartige „Auszeichnungen" der Nase wie anderen Tieren und Pflanzen des Jahres auch!

Neunauge – Eine Menge Löcher im Kopf

Früher stellte man sie zu den Fischen, obwohl sie eher Schlangengestalt haben. In der modernen biologischen Systematik bilden die Neunaugen innerhalb der Wirbeltiere jedoch eine Klasse für sich. Rundmäuler oder Kieferlose (*Cyclostomata*, *Agnatha*) heißen sie, weil sich ihr Mund nicht klappig öffnet wie bei allen anderen, sondern eher an eine kreisrunde Schlauchöffnung erinnert. Damit hängen sie sich an Knochenfische, raspeln deren Fischhaut auf und saugen die Körperflüssigkeiten ein. Einige Arten ernähren sich auch von Aas.

Nach dem Nasenloch und dem Auge, die zwei Kopföffnungen darstellen, folgen beidseits an der Kopfflanke sieben weitere runde Kiemenöffnungen – offen und frei zugänglich, weil kein Kiemendeckel entwickelt ist. Wenn man die Tiere bei ungünstigem Licht im leicht getrübten Wasser sieht und nicht genau hinschaut, könnte man die Löcherserie im Vorderkörper tatsächlich für Augen halten.

Neunaugen leben mit verschiedenen Arten in Bächen, Flüssen und im Meer. Ihre flunderdünne Larve verweilt zunächst ein paar Jahre lang im Gewässerboden und durchläuft dann eine Verwandlung zum geschlechtsreifen Tier. Neunaugen brauchen extrem saubere Wohngewässer, sind deswegen heute relativ selten und zudem wichtige Umweltindikatoren.

Pfauenauge – Ziemlich aufregende Augenblicke

Wenn ein Pfau über den Hof stolziert und sein Rückengefieder zum Rad ausbreitet, blicken uns gleichsam Dutzende Augen an: Im vorderen Abschnitt der dekorativen Konturfedern ist mit metallisch wirkenden Strukturfarben ein beeindruckendes Augenmotiv aufgetragen – eben Imponiergehabe pur. Solche Augenzeichnungen finden sich auch bei einigen heimischen Schmetterlingsarten und sind sogar Namensmerkmal vom Tag- (*Inachis io*), Abend- (*Smerinthe ocellata*) und Nachtpfauenauge (*Eudia pavonia*) – Pfauenaugen gibt es also rund um die Uhr.

Während Tiere mit Mimese tarnende Signale verwenden, die sie unauffällig erscheinen lassen wie beispielsweise die Raupe im arglosen Zweigstücklook, steuern die Arten mit Mimikry genau das Gegenteil an: Der Signalempfänger soll möglichst mit panischer Flucht reagieren. Mimikry ist keine sichernde Tarnfärbung und lenkt nicht ab, sondern erregt im Gegenteil Aufmerksamkeit, warnt und schlägt in die Flucht.

Einige Signalfälscher und darunter auch die Pfauenaugen verwenden als Vorbild das typische Gesicht einer Katze, genauer deren bedrohlich blickendes Augenpaar. Da die Falter bei einer überraschenden Attacke durch Vögel nicht rasch genug außer Schnabelreichweite gelangen, bereiten sie ihren Angreifern zumindest einige „aufregende Augenblicke", und das genügt zumindest für einen gewaltigen Schrecken: Sitzende Tagpfauenaugen klappen die Flügel auseinander, Abendpfauenaugen rücken die Vorderflügel ein wenig nach vorne – und schon zeigt sich ein starr dreinblickendes Augenpaar. Erstaunlich ist der perfekte Detailreichtum der hierfür verwendeten Augen-Make-ups: Die dunkle Umrandung fehlt ebenso wenig wie die farbig aufleuchtende Iris, die weit geöffnete Pupille oder die Glanzpunkte des widerspiegelnden Lichtes.

Riemenzunge – Die lassen wir nun ganz lang heraushängen

Gewiss – es gibt Tiere mit äußerst schlankem Gesichts-schädel und auch solche, bei denen die Gesichtszüge eher Breitwandformat einnehmen. Entsprechend gestaltet sich in der zugehörigen Mundhöhle die Zungenmorphologie: Bei Eidechsen und Schlangen sind die Zungen bemerkens-wert schlank und schmal (bei Schlangen fallweise auch noch sprichwörtlich gespalten), während sie bei Fröschen und

Kröten doch betont in die Breite gehen. Für die Beschreibung einzelner Tierarten ist der Begriff „Riemenzunge" aber überhaupt nicht gebräuchlich.

Die deutschsprachige Nomenklatur bezeichnet mit Bocks-Riemenzunge die monotypische heimische Orchideenart *Himantoglossum hircinum* (vom griechischen *himas/himantos* = Riemen und *glossa* = Zunge). Der lateinische Artnamenzusatz *hircinum* nimmt Bezug auf den doch recht aufdringlichen Duft der Blüten, die tatsächlich – Pardon! – wie ein Ziegenbock stinken. Die Pflanze selbst ist allerdings eine Augenweide: Ihre von Mai bis Juni geöffneten, bis zu 100 grünlichen Blüten stehen in dichten, reichblütigen Ähren. Der Mittellappen der dreiteiligen Unterlippe wird bis zu 7 cm lang und ist oft mehrfach gedreht. Die Art war bislang vor allem im südwestlichen Deutschland anzutreffen, hat aber in den letzten Jahren (Klimaveränderung?) weitere Vorkommen auch in weiter nördlich gelegenen Gebieten hinzugewonnen.

Riesenspringschwanz – Ein Winzling ist der Riese

Spätestens seit Albert Einsteins berühmter, im November 1915 veröffentlichter und nunmehr über 100-jähriger Relativitätstheorie erscheint vieles als relativ. So kann unter den Blinden selbst der Einäugige ein König sein. So ist auch unter den Springschwänzen eine Spezies von 5–9 mm Länge ein wahrer Riese. Springschwänze (*Collembola*) sind mit ca. 300 heimischen Vertretern die artenreichste Ordnung der Urinsekten, die noch keine Flügel besitzen und sich ohne Gestaltswandel über zahlreiche Jugendstadien bis zum fertigen Vollinsekt entwickeln. Weil sie nun nicht fliegen können, vollführen die meist auf oder im Boden lebenden winzigen Springschwänze „gewaltige" Sprünge von mehreren Zentimetern. Abgestorbene, teilweise auch lebende Pflanzenteile gehören zu ihrer Nahrung. Unter den meist nur ein bis maximal 5 mm kleinen Springschwänzen ist *Tetrodontophora bielanesis* mit Abstand die größte Springschwanzart Mitteleuropas. Womit er mit Fug und Recht „Riesenspringschwanz" genannt werden darf. In der Laubstreu am Waldboden kann man ihn mit guten Augen oder einem Vergrößerungsglas lebhaft springen sehen.

Rote Bohne – Leben in stabiler Seitenlage

Blaue Bohnen sind bekanntlich extrem ungesund, weiße Bohnen kommen in die Suppe, aber Rote Bohnen spielen für unsere Ernährung so gar keine Rolle. Diese Bezeichnung ist der populäre Name der Baltischen Plattmuschel (*Macoma balthica*), die individuenreich in der Nord- und Ostsee vorkommt. Wenn sie noch halb im Sand steckt, könnte man sie tatsächlich für eine Bohne halten. So ganz bohnenförmig ist die bis zu 3 cm lange Schale jedoch nicht, eher gerundet dreieckig. Aber rot ist durchaus eine dominierende Farbe neben gelben, cremeweißen, bläulich-grauen oder bräunlichen Nuancen, und immer hübsch abgesetzt mit konzentrischen weißen Streifen.

Lebend sieht man die Rote Bohne fast nie, denn sie liegt eingegraben im Wattboden, und immer auf der rechten Schalenklappe. Aus dieser stabilen Seitenlage sucht sie mit dem Vorderende ihres langen Einströmrohres die Bodenoberfläche der näheren Umgebung ab und saugt Kleinstalgen (*Diatomeen*) ebenso ein wie feine organische Abfallteilchen. Ernährungstechnisch gehört sie damit zum Typ der Pipettierer. Dagegen findet man die leeren Schalenklappen der Plattmuschel mengenweise im Muschelschill des Angespüls – ein deutlicher Hinweis auf die enorme Besatzdichte im Wattboden und auf den Tribut an die Nahrungsketten, vor allem an die zahlreichen Wattvögel.

Schwalbenschwanz – Aus der edlen Zunft der Ritter

Mit seiner Verwandtschaft zählt er zu den attraktivsten Erscheinungen unter den heimischen Schmetterlingen. Der große Naturforscher Carl von Linné fasste den Schwalbenschwanz und seine näheren Verwandten konsequenterweise unter dem stolzen Namen „Ritterfalter" (*Papilionidae*) als Familie zusammen. Gleich mittelalterlichen Rittern sind einige von ihnen mit spornartigen Flügelanhängen geschmückt und tragen zudem noch Augensymbole auf ihren Hinterflügeln. Beides sind hervorragende Verteidigungsinstrumente der edlen Ritter. Vögel, die nach ihnen picken, werden von dieser aparten Zier abgelenkt, weichen davor zurück und haben letztendlich höchstens die Symbole der Ritter im Schnabel, während die Apollos, Osterluzeifalter oder Schwalbenschwänze leicht verändert, aber eben weitgehend heil das Weite suchen. Weil die langen Flügelanhänge des Schwalbenschwanz-Schmetterlings an die Flügelspieße unserer ebenso bekannten wie beliebten Rauchschwalbe erinnern, gab man diesem Ritterfalter den Namen. Weit verbreitet, jedoch nirgendwo häufig, suchen Schwalbenschwänze auch in unseren Gärten nach Eiablageplätzen und Nektar. Wo Sommerflieder wächst, tanken Schwalbenschwänze Nektar. An Möhre, Dill, Bibernelle, Petersilie, Kümmel und anderen Doldengewächsen verköstigen sich die attraktiven grünen, schwarz geringelten und gelbrot gefleckten Raupen des hübschen Ritterfalters mit dem Schwalbenschwanz.

Schweinsohr – Selten, schmackhaft und schützenswert

Im kulinarischen Kontext versteht man unter einem Schweinsohr etwas ganz anderes als ein Landwirt, der seine mühsam gepäppelte und üppig geratene Zuchtsau nächs-

tens an die Vertragsmetzgerei abliefert. Im Konditoreige-
werbe ist ein Schweinsohr dagegen eine auf Blätterteigbasis
gefertigte und gerollte dünne Schnitte – gleichermaßen fett
und zuckerig und insofern vermutlich ziemlich ungesund.
In der sonstigen und mitunter ziemlich abgedrehten Edel-
kulinarik hat man indessen von gegrillten oder marinierten
Schweinsohren bislang nichts vernommen – vermutlich ist
dieser anatomische Bestandteil eines unserer wichtigsten
Nutztiere hier noch nicht angekommen.

Pilzkenner ordnen den Begriff Schweinsohr völlig anders
ein: Sie verstehen darunter einen nicht gerade häufigen heimischen Pilz aus der engeren Verwandtschaft des allgemein
bekannten Pfifferlings, zu der auch so eigentümliche Arten wie Totentrompete oder Kohlen-Leistling gehören. An

ein veritables Schweineohr erinnert die hier in Rede stehende Spezies *Gomphus clavatus* nur relativ entfernt. Auch ihre
typische leicht lila Färbung der Außenseite gibt eher nur
wenig Schweinemäßiges her. Wer sich im Anblick dieser interessanten Pilzart an ein Schweineohr erinnert fühlte, sollte
doch bei den Haustieren einmal genauer hinsehen!

Übrigens: Falls Sie diese bemerkenswerte Art einmal finden sollten – bitte nicht in den Sammelkorb übernehmen.
Sie steht auf der Roten Liste und verdient unbedingte Scho-
nung.

Schließlich bezeichnet man als Schweinsohr auch die
vor allem im nördlichen Mitteleuropa auf Torfschlammbö-
den verbreitete und sonst eher seltene Schlangenwurz bzw.
Sumpfcalla (*Calla palustris*). Als Vertreterin der Aronstabge-
wächse schließt sie ihren kolbenförmigen Blütenstand mit
einem anfangs weißen, später vergrünenden Hochblatt ein,
das mit seinem betonten Zipfel deutlich an ein Schweineohr
erinnert. Im Unterschied zum Aronstab (siehe dort) ist das
Hochblatt unten offen und bleibt somit ohne Kesselfalle.

Seidenschwanz – Aparter nordischer Wintergast

Wenn sich die schnurrende Hauskatze mal wieder einla-
dend auf dem Sessel etabliert hat und man genüsslich ihren schlanken und seidenweichen Schwanz durch die Finger
gleiten lässt, ist man gewiss versucht, den etablierten Artnamen Seidenschwanz vorbehaltlos auf den geliebten Schmu-
setiger zu übertragen. Die tatsächlichen Verhältnisse sind
aber nun einmal ganz anders.

In der Taiga im Norden Eurasiens sowie in Nordwestamerika ist der etwas mehr als sperlinggroße und charakteristisch gezeichnete Seidenschwanz (*Bombycilla garrulus*) als Brutvogel zu Hause, sicherlich einer der hübschesten unter unseren gelegentlich zu beobachtenden Singvögeln. Brutvorkommen in Mitteleuropa sind nicht bekannt. Allerdings kommen die eher hochnordischen Seidenschwänze während der Wintermonate manchmal in größeren Trupps zu uns, weshalb man in manchen Jahren geradezu von Seidenschwanzinvasionen spricht. Sie suchen dann gerne fruchtreiche Gärten, Parks und Wälder auf. Eines der jüngsten dieser Ereignisse zeigte sich im Winter 2004/05. Solche mitunter durchaus massenhaften Zuwanderungen werden wohl durch Nahrungsknappheit und/oder größere Populationsdichten im Brutgebiet mitbestimmt. Die eventuell schon im Herbst auftauchenden Seidenschwänze haben aber absolut nichts mit der zu erwartenden Strenge des kommenden Winters zu tun.

Spatzenzunge – Spitz und schlank

Ein Spatzengehirn produziert erwartungsgemäß keine staatstragenden Gedanken, obwohl man seine sonstigen Erinnerungs- und Orientierungsleistungen auf keinen Fall unterschätzen sollte. Auch eine Spatzenzunge kann nicht besonders groß sein, denn sie muss unsichtbar sein, wenn der Spatz den Schnabel hält. Für die Spatzenzunge (*Thymelaea passerina*) wurden ihre schmalen, höchstens 1–2 cm langen Blätter zum Namensmerkmal. Die in Europa nur mit einer Art vertretene Pflanzengattung ist sogar der Namensträger der gesamten Familie Thymelaeaceae, die man konsequenterweise Spatzenzungengewächse oder (zunehmend) Seidelbastgewächse nennt, denn diese dekorativen, aber extrem giftigen Gehölze gehören auch dazu. Die Spatzenzunge, die auch in ihrem Artzusatz auf den Sperling (von lateinisch *passer* = Sperling) verweist, ist ein ziemlich selten gewordenes Ackerwildkraut, das gerne in Spargelkulturen auftritt. Man nennt die Art auch Vogelkopf, weil ein schnabelartig lang ausgezogener Kelch zur Fruchtreife die Kapsel einhüllt.

Ziegenlippe – Stilvoll mit Hut

Haben Sie eine Ziege tatsächlich schon einmal so genau angeschaut, dass Sie sich an irgendwelche Auffälligkeiten ihrer Lippen erinnern? Die zeigen sich völlig normal und ohne besondere Gestaltungsmerkmale, sind bei den verschiedenen Rassen zwar unterschiedlich gefärbt und relativ fest bzw.

unempfindlich (Ziegen sind sehr entschlossene Weidegänger, die auch dornige Sträucher abweiden), weisen sonst aber
keine ungewöhnlichen Besonderheiten auf. Der für Nutztiere einzigartige Ziegenbart wäre ein wesentlich interessan-
teres Merkmal, über das man nachdenken könnte.

Warum Pilzfreaks ausgerechnet einen Röhrenpilz aus der
Verwandtschaft von Steinpilz und Maronen-Röhrling kon-
sistent Ziegenlippe (*Xerocomus subtomentosus*) nennen – diesen deutschen Artnamen führen auch alle nennenswerten
deutschsprachigen Pilzfloren auf – ist eher rätselhaft. Auch
die geruchlichen Eigenschaften dieses sehr schmackhaften
Pilzes erinnern in keiner Weise an die mitunter etwas strenge
Note von Ziegen, und auch sonst gibt es keinerlei biologische Zitate, die seinen seltsamen Namen erklären könnten.

Zypressenmoos – Die Nordsee grünt im Blumentopf

Reihenweise stehen die dekorativen Plastiktöpfe mit ihren grasgrünen Büscheln im Kaufhausregal und erwarten ihren Platz auf der häuslichen Fensterbank. Zweierlei muss daran außer dem Namen Zypressenmoos stutzig machen – der erstaunlich niedrige Preis und der ausdrückliche Hinweis, diese extrem pflegeleichte Zimmerpflanze sei immer frisch und brauche nie gegossen oder gedüngt zu werden. Genaueres Hinsehen löst das Rätsel auf: Trotz ihres pflanzlichen Aussehens sind die fein und dicht verzweigten, etwas mehr als handlangen Ästchen, die ein wenig wie ein betont hochfloriger Moosrasen aussehen, schaurig schön zum Dauergrün eingefärbte Tierkolonien, genauer die Polypenstöckchen von *Sertularia cupressina*. Dessen Kolonien bilden auf dem tieferen Grund der Nordsee dichte untermeerische Rasen und sind ein häufiger Beifang der Muschelfischerei. Sie finden sich gelegentlich auch – getrocknet und verkrustet – im Angespül. Tatsächlich erinnern sie mit ihren zweireihigen Verzweigungen an die flachen Äste von Lebensbäumen und Scheinzypressen, wie man sie (leider) auf jedem Dorffriedhof findet.

3

Seltsame Jobs im Tierreich

© Springer-Verlag Berlin Heidelberg 2016
B. P. Kremer und K. Richarz, *Was alles hinter Namen steckt*,
DOI 10.1007/978-3-662-49570-4_3

Aus der Agentur für Arbeit?

Jedes Ökosystem kann auf Dauer nur dann funktionieren, wenn seine Arten in den richtigen Mengenverhältnissen eine der folgenden Planstellen besetzen: An der Basis stehen immer die Primärproduzenten, die grünen Pflanzen, die mit ihrem geradezu einzigartigen Stoffwechselpotenzial aus energiearmen Betriebsstoffen wie Wasser und Kohlenstoffdioxid (CO_2) mithilfe des Sonnenlichtes und einer komplexen zellinternen biochemischen Maschinerie energiereiche organische Stoffe produzieren. Von diesem unglaublichen Prozess, der vom gerade von einer Blattzelle geschluckten CO_2-Molekül bis zum fertigen Zucker (Glucose oder Saccharose) tatsächlich nur wenige Millisekunden benötigt, hängt wirklich die gesamte übrige Biosphäre ab.

Außer den grünen Produzenten, die jeweils das primäre Knabberzeug bereitstellen, besteht ein Ökosystem auch immer aus pflanzenfressenden Konsumenten, welche die enorme Wüchsigkeit der Pflanzen in Grenzen halten. Umgekehrt werden sie selbst von den räuberischen Arten balanciert und kontrolliert. Irgendwann am Ende eines individuellen Lebens fallen auch organische Totstoffe an, die von den Destruenten (vor allem Bakterien und Pilze) wieder in ihre Ausgangsmaterialien zerlegt und erneut in die ökosystemaren Stoffzyklen eingespeist werden. Die Natur arbeitet mit vorbildlichem Materialrecycling. Nur die Energie ist hier grundsätzlich auf Einbahnstraßen unterwegs.

Die bürgerliche Erfahrungswelt hat nun bei der Namensfindung vor allem den Tieren viele weitere Aufgaben, Berufe, Tätigkeiten oder sonstige Aktionsfelder zugewiesen – mit dem gewiss nicht überraschenden Ergebnis, dass die eingeführten Artbezeichnungen durchaus in Auflistungen der Agentur für Arbeit enthalten sein könnten.

Admiral – Ist weit gereist und liebt Vergorenes

Wie die Rangabzeichen eines typischen (Operetten-)Admirals auf dessen Schulterklappen prangen die weißen Flecken auf dunklem Untergrund in den Spitzen der Vorderflügel dieser aparten Schmetterlingsart. Zudem zieht sich noch ein leuchtend rotes Band über Vorder- und Hinterflügel. Der Admiral (*Vanessa atalanta*) ist tatsächlich ein echter „Zugvogel" unter den Schmetterlingen. Jedes Jahr fliegt er als typischer Wanderfalter von Nordafrika über das Mittelmeer bis nach Skandinavien. In lockeren Verbänden überqueren die Admirale sogar die Alpenpässe, um sich an ihrem Ziel fortzupflanzen. Die erste Raupengeneration lebt bei uns im Juni und Juli, die zweite von August bis September, und zwar ausgerechnet an den unliebsamen Brennnesseln als bevorzugte Futterpflanzen. Die erste Flugperiode der Falter dauert demnach von Juli bis August, die zweite erstreckt sich von September bis Oktober. In den letzten schönen Herbsttagen verlassen uns die Admirale wieder in Richtung Süden, nicht ohne vorher an faulendem, gärendem Fallobst genascht zu haben. Manche überwintern angesichts der Klimaveränderung neuerdings aber auch in unseren Breiten und sind dann schon im zeitigen Frühjahr zu sehen. Wenn diese hübschen Fleckenfalter mit zusammengeklappten Flügeln auf Zwetschgen, Birnen oder Äpfeln sitzen, um sich ihren „Obstler" zu genehmigen, sind sie mit ihrer düsteren Flügelunterseite und den zackigen Flügelrändern hervorragend getarnt. Jetzt erinnert nichts mehr an ihre militärischen Rangabzeichen als Admiral.

Angler – Beutefang unter Wasser

Das Bild kennt man: Angler stehen mit ihrem Angelzeug normalerweise am Ufer, waten im seichten Wasser oder platzieren ihre Köder von einem Boot aus. Eine ganz andere Technik praktiziert der Angler oder Seeteufel (*Lophius piscatorius*). Auch er besitzt eine „Angel". Dieser fast 2 m große Bodenfisch ist dabei teuflisch gut getarnt. An seinem abgeplatteten, nur hinten seitlich zusammengedrückten Körper finden sich zahlreiche Hautanhängsel. Auf seinen armartigen Brustflossen schleicht er sich geschickt an andere Fische heran. Der fleischige Hautanhang am ersten verlängerten Strahl seiner dreistacheligen Rückenflosse dient ihm jetzt als Köder für solche Fische, die auf den halb im Sand oder Schlamm eingegrabenen Angler gierig, aber ahnungslos zuschwimmen. Bevor sie nach dem „Köder" seiner „Angel" schnappen können, verschwinden sie in der riesigen Mundöffnung des froschähnlichen Anglermauls mit den vielen kleinen, nach innen gekrümmten Zähnen.

Buchdrucker – Zwischen Baum und Borke

Die Förster sehen sie überhaupt nicht gerne und sprechen gar von Kalamitäten, wenn sie in hellen (oder besser dunklen) Scharen anrücken: Die meist braunen bis schwarzen Borkenkäfer raspeln ihnen nämlich zusehends die Bäume weg. In Mitteleuropa sind die Borkenkäfer mit knapp 100 Arten vertreten. Viele besitzen am Ende der Flügeldecken eine pfannenartige Mulde, auf der sie das Bohrmehl aus den Fraßgängen schaffen. Käfer und Larven leben entweder in der lebenden Bastschicht zwischen Rinde und Splintholz (Rindenbrüter = Splintkäfer, braunes Bohrmehl) oder im Holzkörper der Bäume (Holzbrüter, helles Bohrmehl). Deswegen sind sie allesamt zu Recht gefürchtete Forstschädlinge.

Bei den in Einehe lebenden Rindenbrütern (beispielsweise Krummzähniger Tannenborkenkäfer, *Pityokteines curvidens*) frisst das Weibchen einen Muttergang in das Baumgewebe, an dessen Seiten es die Eier in Nischen ablegt. Bei Arten mit Vielweiberei (Kleiner Tannenborkenkäfer, *Cryphalus piceae*, Großer Kiefernborkenkäfer, *Ips sexdentatus*) legt das Männchen zuerst eine Rammelkammer für die Begattung an, und von dort aus bohren die Weibchen ihre

Brutgänge ins Holz. Jede Larve frisst sich nun mit einem fast waagerecht abzweigenden und sich allmählich verbreiternden Gang durch ihren dunklen Lebensraum. Da diese Fraßgänge wie die Druckzeilen einer Buchseite angeordnet sind, nennt man gerade den Fichtenborkenkäfer auch Buchdrucker. Sein wissenschaftlicher Name *Ips typographus* = Typograf oder Schriftsetzer greift diesen Sachverhalt ebenfalls auf. Das grafische Werk der Käferlarven tritt auch in anderen seltsamen Käfernamen dieser Verwandtschaftsgruppe auf. Beispiele sind Städteschreiber, Waldgärtner und Kupferstecher.

Dompfaff – Die hohe Geistlichkeit, aber diesmal gefiedert

Seine schwarze Kappe, und vielleicht auch die leicht völlige Figur, war sicherlich der unmittelbare Anlass, den Gimpel aus der Familie der Finkenvögel „Dompfaff" zu taufen, zumal auch die leuchtend rote Unterseite der Dompfaffmännchen, die schön zum aschgrauen Mantel kontrastiert, an die heftig roten Talare der Domprälaten erinnert. Letztere zeichnen sich überdies nicht selten durch eine betont korpulente Gestalt aus. Zumindest gutes Essen und Trinken war den kirchlichen Würdenträgern – im Gegensatz zu anderen weltlichen Genüssen – außerhalb der Fastenzeit schließlich nicht ausdrücklich verboten.

Die gefiederten Dompfaffen bevorzugen dagegen nur vegetarische Kost wie Samen, Früchte und Knospen. Wegen Letzteren gab man ihnen regional den Namen Bollenbisser (Knospenbeißer) oder Bollenbicker (Knospenpicker). Der Züricher Naturforscher Conrad Gesner (1516–1565) nannte den Dompfaff im 16. Jahrhundert deshalb auch Brommeiß (Knospenmeise). Der Name Gimpel nimmt Bezug auf ihre ungeschickt wirkenden, hüpfenden Bewegungen (gumpen = hüpfen), wenn sich Dompfaffen einmal am Boden umtun. Ihr wissenschaftlicher Name *Pyrrula pyrrula* kommt aus dem Griechischen und leitet sich ab von *pyrros* = feuerrot. Womit sich fast alle Namensgebungen, außer den „Fressnamen", auf die Männchen zentrieren. Die sind aber auch einfach auffälliger in ihren roten „Talaren" als die unterseits beige gefärbten Weibchen. Jungen Dompfaffen fehlt die Domprälatentracht noch völlig. Sie kommen in Weibchenfarben und auch ohne die kennzeichnende schwarze Kappe daher „gehumpt".

Ducker – Lieber hinlegen als flüchten

Diese kleinen bis mittelgroßen Antilopen kommen in 17–
19 Arten und in zwei Gattungen (*Cephalophus* spec. und
Sylvicapra spec.) in Afrika südlich der Sahara fast überall
dort vor, wo sie sich bei Gefahr in dichten Wäldern oder
in Dickichten „abducken" können. Mit den kürzeren Vorderbeinen und dem gerundeten Rücken sind sie gut an ein
Leben im dichten Unterholz angepasst. Von den meisten
Arten ist wegen der versteckten Lebensweise vergleichsweise
wenig bekannt. Der dunkelbraun bis schwärzliche Gelb-
rückenducker (*Cephalophus sylvicultor*) mit bis zu 85 cm
Standhöhe der Riese unter den Duckern, stellt bei Erregung seinen gelblichen Keilfleck auf dem hinteren Rücken
auf. Zebraducker (*Cephalophus zebra*) zeichnen sich durch
schwarze Streifen auf dem rötlich braunen Fell aus und
der sehr seltene Jentinkducker (*Cephalophus jentinki*) ist

ähnlich wie ein Schabrackentapir gefärbt, da Kopf und Hals schwarz, die restlichen Fellteile weiß bzw. schwarz-weiß gesprenkelt sind. Bei Duckern sind die Weibchen etwas größer als die Männchen. Die meisten Arten tragen in beiden Geschlechtern kurze, konisch geformte Hörner. Ducker durchstreifen allein oder paarweise ihr Revier, das sie mit Sekret aus den Voraugendrüsen markieren. Treffen sie auf gleichgeschlechtliche Artgenossen, werden diese aggressiv vertrieben. Neben Pflanzenteilen verzehren viele Ducker auch Termiten, Ameisen, Schnecken sowie Eier und machen gelegentlich sogar Jagd auf Vögel.

Flachstrecker – Keineswegs im Fitnessstudio

Hier sind weder Übungen noch Geräte aus den Fitnessstudios gemeint. Flachstrecker (*Philodromus*) im zoologischen Sinn bilden eine Gattung aus der Familie der Laufspinnen *Philodromidae*. Ein betont abgeflachter Körper mit einem wenig länger als breiten Hinterkörper sowie lange, waagrecht ausgebreitete Laufbeine sind ihre typischen Erkennungsmerkmale, Wälder und Gebüsch ihre bevorzugten Lebensräume. In Färbung und Zeichnung verschwimmen viele Arten mit ihrem Substrat, auf dem sie leben – etwa mit Baumstämmen und Zweigen oder, wie bei dem auf Sanddünen am Meer lebenden *Philodromus fallax*, mit dem Sand. Flachstrecker sind keine Lauerjäger, sondern pirschen wolfsspinnenartig ihre Beute vorsichtig an, um sie dann jagend zu überwältigen. Flachstreckerweibchen bewachen den ebenfalls flach und fest an der Unterseite von Stämmen und Zweigen gesponnenen Eikokon. Das Überwintern macht den subadulten Flachstreckern keine Probleme. Bei ihrer Flachheit findet sich leicht eine passende Ritze.

Gaukler – Wasser- und auch Luftartisten

Wer Seitenrollen, Purzelbäume, Hin- und Herschaukeln im Wasser und in der Luft meisterhaft wie ein Zirkusartist beherrscht, trägt zu Recht den Namen „Gaukler". In unserer heimischen Fauna ist der Käfer (*Cybister lateralimarginalis*) aus der Familie der Schwimmkäfer ein solcher Gaukler. Mit seinem flachen Körper und den betont breiten Ruderbeinen ist er dem weitaus bekannteren und größten unter den heimischen Schwimmkäfern, dem Gelbrand, schwimmtechnisch übrigens deutlich überlegen. Wie alle Arten dieser Sippe, die Jagd auf die Larven anderer Wasserinsekten, auf Kaulquappen oder Wasserschnecken machen, sind die Fußglieder an den Hinterbeinen des Gauklers mit langen Schwimmborsten ausgestattet. Diese legen sich bei der Vorwärtsbewegung der Beine an, während sie sich in der synchronen Rückwärtsbewegung abspreizen und so ihre Ruderwirkung voll entfalten können.

Eine zweite Tierart dieses Namens schlägt am Himmel über den afrikanischen Trocken- und Buschsavannen ihre Kapriolen. Dieser Gaukler ist ein mittelgroßer, überwiegend schwarz gefärbter Adler mit rotem Gesicht und roten Füßen sowie einem so auffällig kurzen Schwanz, dass man ihm den Namen *Theralopius ecaudatus* (= ohne Schwanz/schwanzlos) gab. „Bateleur" wird er auf Französisch genannt, was nichts

anderes als Gaukler heißt und auf seine artistischen Flug-
manöver anspielt. Gaukler können nicht nur mit hoher Geschwindigkeit segeln, dabei ständig hin- und herschaukeln
oder Purzelbäume drehen. Sie schlagen in der Luft sogar die
Flügel zusammen und erzeugen so klatschende Geräusche.
Auch wenn, wie jeder weiß, der Applaus das Brot des Künst-
lers ist, wollen wir nicht annehmen, dass der Gaukler seine
Luftartistik selbst beklatscht.

Gottesanbeterin – Alles andere als fromm

Wenn *Mantis religiosa* an warmen, trockenen Plätzen im Gras oder Gebüsch regungslos verharrt, den Vorderkörper angehoben und die Vorderbeine leicht angewinkelt, erinnert ihre Stellung doch sehr an eine Gebetshaltung. Tatsächlich ist es aber eine Lauerstellung, aus der heraus das farblich gut getarnte, völlig ruhig sitzende Tier vorbeikommende Fliegen oder Grashüpfer blitzschnell ergreift. Die „betenden Hände" der Gottesanbeterin erweisen sich dabei rasch als kräftig bedornte Fangbeine. Ihre Beutetiere können die Größe der Jägerin erreichen, die ihren Namen Gottesanbeterin vielleicht nicht nur wegen ihrer gebetsartigen Haltung, sondern auch wegen der scheinbar frömmelnden Hinterlist erhielt. Selbst schwächere und unachtsame Artgenossen sind vor ihr nicht sicher. So gehen selbst die paarungsfreudigen und deutlich kleineren Männer beim Annähern an ein Weibchen immer auch ein gehöriges Risiko ein. Die Liebhaber versuchen dem Gefressenwerden zu entgehen, indem sie sich von hinten an die Partnerin anschleichen, blitzschnell auf ihren Rücken springen, sich dort festklammern und nach dem langen Akt so schnell wie möglich wegspringen oder wegfliegen. Erlischt die Paarungslethargie des Weibchens nämlich eher, hat sie ihren unglücklichen Liebhaber tatsächlich „zum Fressen gern". Was so brutal wirkt, bringt der Gottesanbeterin nüchtern betrachtet zweifachen Vorteil. Wenn der Befruchter seinen Zweck erfüllt hat, kann sie mit ihm noch ihren Magen füllen.

Hausmutter – Betont häuslicher Nachtfalter

Ihr besonderes Kennzeichen sind die gelben Hinterflügel mit dem breiten, schwarzen Saumband, die beim Auseinanderklappen der rotbraunen Vorderflügel sichtbar werden. Die Hausmutter (*Noctua pronuba*) aus der großen Familie der Eulenfalter (*Noctuidae*), der mit über 500 Arten größten Schmetterlingsfamilie in Mitteleuropa, fliegt nachts und ist überall häufig. Ihre Raupen leben an Gräsern, Löwenzahn, Vogelmiere, Ampfer und anderen niedrigwüchsigen Pflanzen, aber auch an Kohl- und anderen Gemüsearten. Bei solchen diätetischen Vorlieben bieten die Gärten in Dörfern und Städten *Noctua pronuba* eine reichliche Nahrungsauswahl. Ende Mai bis Ende September ist die Flugzeit des Falters, der aufgrund seiner Nähe zu den Häusern der Menschen zur „Hausmutter" wurde. Denn darin halten sich Hausmütter tagsüber gerne auf. Oft toben sie beim Einschalten des Lichts dann wild um die Lampe. Will man eine Hausmutter fangen, um sie aus dem Haus zu entfernen, fasst sie sich durch ihre Beschuppung so schlüpfrig wie Seife an.

Kräuterdieb – Auf Trockengut erpichte Käfer

Diebskäfer der Familie *Ptinidae* erinnern mit ihren langen Beinen und einer Einschnürung zwischen Brust und Hinterleib ein wenig an Spinnen. Viele Arten sind echte Allesfresser. Zu „Dieben" wurden sie erst, weil die Käfer sich gelegentlich an Dingen vergreifen, die wir Menschen nun mal als unser ureigenes Eigentum ansehen. Wie sein seit etwa 1900 bei uns eingeschleppter australischer Kollege, der Australische Diebskäfer (*Ptinus tectus*), lebt auch der Kräuterdieb *Ptinus fur* an vielen trockenen Pflanzenstoffen. Im Freien ernährt er sich überwiegend von morschem Holz oder vom Baumaterial der Vogelnester. Bei seinen gelegentlichen Hausbesuchen sucht er nach trockenen Pflanzenteilen in unserem Haushalt. Das sind vor allem Gewürze oder eingelagerte Getreideprodukte. So wird der kleine Käfer zwangsweise zum Kräuterdieb.

Kupferstecher – Auch sie fertigen Holzschnitte an

Was war das doch früher ein mühseliges Geschäft: Wollte man eine Abbildung drucken, benötigte man eine Druckplatte mit Vertiefungen, in die der Drucker seine Schwärze einrieb, um sie anschließend in der Druckerpresse auf Papier zu übertragen. Nach den Metallplatten, in die man seitenverkehrt die Darstellungen einritzte, erhielt ein ganzer Berufsstand seinen Namen: Kupferstecher waren gleichermaßen begabte Handwerker und Künstler.

Das eindrucksvolle Bild von den Liniengravuren übernahm man für die seltsamen Fraßgänge, wie sie die Larven von Borkenkäfern im lebenden Holzgewebe anlegen – im Prinzip recht dekorative Muster, über die Forstleute sich dennoch nicht so recht freuen können, denn bei

Massenbefall überlebt der betreffende Baum nicht. Dem Kupferstecher, auch Sechszähniger Fichtenborkenkäfer genannt, gab Carl von Linné den wissenschaftlichen Namen *Pityogenes chalcographus* (von griechisch *chalkos* = Kupfer und *graphein* = ritzen, schreiben). Eine andere Borkenkäferart, die allerdings recht wirre Ganglinien im Rindengewebe anlegt, nennt man Stadtschreiber (*Polygraphus polygraphus*).

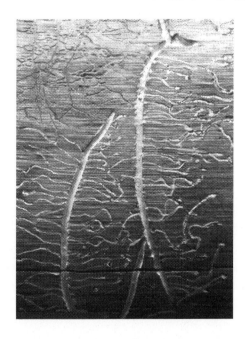

Laternenträger – Unterwegs ganz ohne Leuchtmittel

Früher gab es ihn in jeder Stadt: die sinnvolle Institution des Nachtwächters. Mit einer Laterne bestückt zog er durch die dunklen Gassen, um jeweils zur vollen Stunde den Bewohnern lautstark zu verkünden, was die Stunde gerade geschlagen hat. Als Laternenträger bezeichnet man heute eine Zikadenfamilie, von der bei uns nur eine Art heimisch ist, der Europäische Laternenträger (*Dictophora europaea*). Er gehört der in den Tropen überaus artenreichen Familie an, von der viele Vertreter geradezu gewaltige, manchmal sogar körperlange Kopffortsätze besitzen. Als man sie entdeckte, glaubte man, dass es sich dabei um Leuchtorgane handelt. Ihren deutschen Namen Laternenträger wie ihren lateinischen Familiennamen *Fulgoridae* (von lateinisch *fulgor* = Blitz) tragen sie aber zu Unrecht. Das nachgesagte Leuchtvermögen ihrer laternenähnlichen Kopffortsätze hat sich als Fehldeutung erwiesen. Und ganz so abenteuerlich wie seine tropische Verwandtschaft sieht unser grüner, manchmal auch rötlich gefärbter Europäischer Laternenträger ohnehin nicht aus. Sein Kopffortsatz ist einfach nur kugelförmig schräg nach oben gerichtet und erinnert weniger an eine Laterne, sondern eher an den Kopf von Kermit, dem Frosch aus der Muppet Show.

Mordwanze – Sicher kein Fall für die Justiz

Wer so heißt, sollte unter den Seinen durch unangenehme Eigenschaften auffallen. Als *Rhinocoris iracundus* bezeichnet sie die Fachwissenschaft. Andererseits trägt sie sogar zwei unterschiedliche deutsche Namen: Zornige Raub- und Rote Mordwanze – beide sicherlich nicht gerade schmeichelhaft. Dabei steht das allenfalls 1,4–1,7 cm große Insekt überhaupt nicht isoliert da. Immerhin gibt es bei uns zehn Raubwanzenarten. Weltweit existieren sogar über 3000 Vertreter aus der Raubwanzenfamilie (*Reduviidae*). Alle haben einen vorgestreckten, ziemlich beweglichen Kopf mit einem gebogenen, dreigliedrigen Rüssel. Als Lautapparat fungiert eine quer geriefte Rille zwischen den Vorderhüften. Bei Störungen bewegen Raubwanzen ihre Rüsselspitze über die Rinne und erzeugen so zirpende Geräusche. Da sie im Gegensatz zur Blattwanzenverwandtschaft ganz räuberisch von Insekten leben, sind die Vorderbeine der Raubwanzen als richtige Fangbeine ausgebildet. Aber wer andere Tiere jagt und verspeist, ist noch lange kein Mörder. Schließlich ist Töten zum Nahrungserwerb kein Mord. Und wer rot gefärbt ist wie die Mordwanze, braucht noch lange nicht zornig zu sein. Offensichtlich haben Aussehen und Nahrungserwerb dieser schwarz gefleckten Raubwanzenart zur Diskriminierung als Zornige Mordwanze ausgereicht.

Neuntöter – Wirklich ein eiskalter Würgeengel?

Wer Neuntöter, Dorndreher, Dornhäher oder sogar Würgeengel heißt, kann gewiss nicht mit allzu viel Sympathie rechnen. Seine Angewohnheit, Insekten, kleine Vögel oder auch Mäuse nach dem Erbeuten auf Dornen, kleine, spitze Zweige – ersatzweise auch auf Stacheldraht – zu spießen, wird ihm als pure Mordlust ausgelegt. Man glaubte, dass der Neuntöter erst mindestens neun Tiere töten müsse, bevor er Nahrung aufnehmen könne. So galt es noch bis Anfang des letzten Jahrhunderts tatsächlich als Beitrag zum aktiven Vogelschutz, wenn man dem „mordlustigen" Vogel nachstellte. Zusammen mit seinen über 60 Verwandten, die über die Alte Welt, Nordamerika und Mexiko verbreitet sind, wird der Neuntöter zu der zoologischen Familie der Würger gezählt. Ein typisches Verwandtschaftsmerkmal dieser Singvogelfamilie mit dem gefährlich klingenden Namen ist ein reißzahnartiger „Falkenzahn" am Oberschnabel, ähnlich wie ihn die Greifvögel besitzen. Bei uns ist die Würgersippe mit den Arten Raubwürger, Rotkopfwürger, Schwarzstirnwürger und schließlich dem Neuntöter (*Lanius collurio*) als der am weitesten verbreiteten Art vertreten. Kennzeichnend für den prächtig gefärbten Neuntötermann sind sein kastanienbrauner Rücken, der ihm auch den Zweitnamen Rotrückenwürger eintrug, sowie ein auffälliger schwarzer Augenstreif. Beim unscheinbareren Weibchen ist der Augenstreif braun gefärbt. Ihre Unterseite und die Flanken weisen eine wellenförmige Zeichnung auf. Als ausgeprägte Langstreckenzieher überwintern Neuntöter südlich des Äquators im tropischen Ostafrika und treffen bei uns recht spät in der ersten Maihälfte ein. Da ihre Sommersaison in unseren Breiten nur drei bis vier Monate dauert und die Neuntöter im August, spätestens im September wieder ins Winterquartier ziehen, haben es die Vögel mit dem Brutgeschäft ziemlich eilig. Sofort nach dem Eintreffen im Brutgebiet besetzten die Neuntötermännchen ein Revier und machen durch Gesang und Balzflüge den Weibchen den Hof. Am liebsten im dichten Dorngebüsch oder in kleinen Bäumen in der halb offenen Kulturlandschaft errichten sie ihr Nest und ziehen darin die fünf bis sechs Jungen groß. Auch wenn gelegentlich Mäuse, Lurche und Eidechsen – vielleicht auch mal ein kleiner Singvogel – den Speisezettel der Neuntöterfamilie bereichern, besteht deren Hauptnahrung aus Insekten. Von einer Ansitzwarte aus machen Neuntöter Jagd auf Käfer, Schmetterlinge oder Wespen. Viele Insekten werden im Flug erbeutet. War der Fang ein Insekt mit Giftstachel, wird dieses anschließend sehr geschickt an kleinen Zweigen gerieben, um so den giftigen Stachel zu entfernen. Das gelegentliche Aufspießen der Beute auf Dornen, oder auch das Einklemmen zwischen Zweigen, hat mit „Mordlust" überhaupt nichts zu tun. Es ist einzig und allein eine Art Vorratswirtschaft: Wenn der Neuntöter bei günstigem Wetter leicht zum Jagderfolg kommt, legt er für sich und seine Familie eine „Fleischbank" als Vorrat für schlechte Tage an. Womit der „eiskalte Würgeengel" als Vogel mit „Weitsicht" und „Familiensinn" rehabilitiert wäre!

Nonne – Ein Forstschädling in Klostertracht

Die Nonne (*Lymantria monacha*) ist ein weitverbreiteter Nachtschmetterling aus der Familie der Träg- oder Schadspinner (*Lymantriidae*). Diese Falter sind normalerweise weiß gefärbt und tragen ein schwarzes Zickzackmuster auf ihren Flügeln. Seit einem halben Jahrhundert kommen unter ihnen häufiger Formen vor, bei denen die weiße Grundfarbe schwärzlich verfärbt ist. Meist sind davon die Männchen betroffen. Den Extremfall dieser Entwicklung stellen Tiere mit völlig schwarzen Vorderflügeln dar, bei denen von einem Zeichnungsmuster nichts mehr zu erkennen ist. Trotz ihres klerikalen Namens, den sie wegen ihrer an die Kleidung der Nonnen erinnernde schwarz-weiße Färbung trägt, galt die Nonne früher als der schlimmste Forstschädling in mitteleuropäischen Nadelwäldern. Dabei leben die dunkelbraunen, meist mit einem weißen Rückenfleck gekennzeichneten Raupen an sehr verschiedenen Baumarten, darunter auch an vielen Laubholzarten. Wie beim ungleich schädlicheren Schwammspinner überwintern die nach zwei bis sechs Wochen fertig entwickelten Räupchen in ihren Eiern. Der Schlüpftermin im Frühjahr ist stark temperaturabhängig. Die Eihülle wird beim Schlüpfen teilweise gefressen und unverdaut wieder ausgeschieden. Bis sie von der Sonnenwärme gestärkt sind, bleiben die Nonnenräupchen noch einige Tage auf einem Fleck zusammen, der etwa die Größe eines preußischen Talerstückes hat, auf einem sogenannten Spiegel. Wie die Schwammspinnerraupen auch können sich diese „Spiegelräupchen" mithilfe ihrer auf das erste Raupenstadium beschränkten aerostatischen Borsten, zudem unterstützt durch ausgestoßene Spinnfäden, bis mehrere Kilometer weit vom Wind verwehen lassen. Diese Fähigkeit ist nicht nur für die Nahrungsfindung, sondern auch für die Ausbreitung der Falterart in Nonnentracht äußerst nützlich. Dass die schwarz-weiße Zeichnung namengebend war, beweist eine andere Schmetterlingsart. Bei der Klosterfrau (*Panthea coenobita*) sind Flügel und Körper ebenfalls weiß mit kontrastreich abgesetzten Binden und Flecken. Darin ist die Klosterfrau der Nonne recht ähnlich, außer dass Letztere über breitere und etwas anders gezeichnete Flügel verfügt.

Nussknacker – Dennoch nicht aus Holz geschnitzt

Nussknacker, Nussbicker, Nussbrecher, auch Haselnussvogel oder Holzkrähe wird er genannt, der Tannenhäher aus der Familie der Rabenvögel. Auch sein wissenschaftlicher Name *Nucifraga caryocatactes* spielt auf zwei Vorlieben an: Der Vogel sucht Nüsse, um sie zu knacken (*nucifraga* = Nussknacker, von *nux* = Nuss und *frangere* = zerbrechen bzw. knacken), sammelt sie aber auch (*caryocatactes* = Nusssammler, von *karyon* = Nuss, *kataktomein* = erwerben bzw. sammeln). Der etwa eichelhähergroße Tannenhäher hat ein schokoladenbraunes Gefieder, das außer am Oberkopf mit weißen, tropfenförmigen Flecken übersät ist. Nadel- und Mischwälder in Nordeuropa oder in mitteleuropäischen Gebirgslagen mit Vorkommen großsamiger Kiefernarten sind Nussknackers Lebensraum. Neben Sämereien verzehren Tannenhäher im Sommer auch Insekten und andere Kleintiere und entpuppen sich damit wie ihre Verwandtschaft als echte Allesfresser. Eine Eigenschaft ist bei ihnen jedoch besonders ausgeprägt und für ihr Zurechtkommen in den langen Bergwintern mit hohen Schneelagen wohl überlebensnotwendig: Tannenhäher sammeln reife Haselnüsse und Samen von Zirbelkiefern in ihrem Kehlsack, um sie anschließend in Verstecken im Boden oder in Baumkronen hinter Flechtenpolstern zu deponieren. Selbst bei hohen Schneelagen finden die Nusssammler ihre Bodenverstecke noch mit 80 %iger Sicherheit, um anschließend dem Namen Nussknacker gerecht zu werden. Doch auch die vergessenen Samen sind ökologisch außerordentlich relevant: Wahrscheinlich geht der gesamte Jungwuchs abseits von fruchtenden Altbäumen allein auf die vergessenen bzw. nicht genutzten Samenverstecke des Nussknackers zurück, den man in der Steiermark deshalb auch „Zirbenheher" nennt. Für den Zirbelkieferbestand sind Tannenhäher also von entscheidender Bedeutung.

Palmendieb – Einbrecher im Gartencenter oder illegaler Holzhändler?

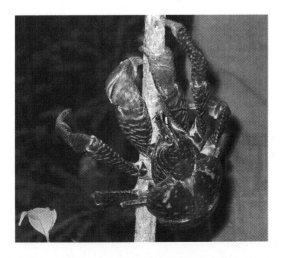

Manche Tierarten passen einfach nicht in das übliche Bild ihrer sonstigen Verwandtschaft: Normalerweise vermutet man die großen und eindrucksvollen Vertreter der Zehnfußkrebse – etwa Hummer, Languste oder Taschenkrebs – in aquatischen Lebensräumen und vor allem im Meer.

Für unsere Breiten ist diese Einschätzung völlig zutreffend, aber in den Tropen ist manches eben ganz anders: Hier lebt eine als Landeinsiedlerkrebse (*Coenobititae*) bezeichnete Familie mit zwei Gattungen und insgesamt 16 Arten. Der Palmendieb (*Birgus latro*) ist der einzige Vertreter seiner Gattung. Verbreitet ist er auf den Inseln im westlichen Pazifik und im östlichen Indik. Schon im 18. Jahrhundert war diese bemerkenswert kuriose Art bekannt – Carl von Linné (1707–1778) wählte trefflich den Artnamenzusatz mit dem lateinischen *latro* = Strandräuber.

Die Palmendiebe gehören zu den größten an Land lebenden Gliederfüßern (Arthropoden). Ausgewachsen erreichen sie eine Länge um 40 cm bei einem Gewicht bis zu 5 kg. Die Spannweite des größten ihrer zehn Beinpaare kann ungefähr 1 m betragen. Die Tiere sind recht farbenfroh rot-orange bis blau-violett gefärbt und bieten insofern einen prächtigen Anblick. Obwohl sie einer überwiegend aquatisch verbreiteten Verwandtschaft angehören, können Palmendiebe nicht schwimmen – sollten sie bei ihren Klettertouren unglücklicherweise ins Wasser fallen, würden sie tatsächlich ertrinken. Den lebensnotwendigen Sauerstoff beschaffen sie sich über zwei seitlich im Panzer gelegene Atemhöhlen mit schwammartigen Geweben, die dauerfeucht sein müssen.

Palmendiebe ernähren sich überwiegend von den (herabgefallenen) Früchten der Pflanzen ihres Lebensraumes, überwiegend von Feigenbäumen und Schraubenbäumen. Sie nehmen aber auch Aas oder lebende Kleintiere. Gewöhnlich schleppen sie ihre Fundstücke in die eigene Wohnhöhle am Strand, um sie dort in Ruhe zu verzehren.

Namen gebend war die allerdings nicht allzu häufig zu beobachtende Eigenart, dass Palmendiebe vor allem nachts sogar die strandnah wachsenden Kokospalmen erklimmen und sich an den reifen(den) Kokosnüssen zu schaffen machen. Eine planmäßige Ernte nehmen sie allerdings nicht vor. Erwiesen ist aufgrund neuerer Beobachtungen jedoch, dass sie am Boden aufgefundene Kokosnüsse durch kraftvollen Einsatz ihrer respektablen Greifscheren im Bereich der drei Keimlöcher öffnen können. Leere Kokosnussschalen (und ebenso hinreichend große Schneckenhäuser) dienen den Jungtieren – wie bei Einsiedlerkrebsen üblich – übrigens als Schutzschild für ihren zunächst noch nicht vollends ausgehärteten Hinterleib.

Rückenschwimmer – Erfolgreiches Agieren an der Grenzfläche

Für Fische ist Schwimmen in der Rückenlage ein ziemlich ungesunder Befund. Der Mensch hat diese Schwimmtechnik dagegen zur Olympiadisziplin entwickelt. Außerdem gibt es weitere Tiere, die mit dem Bauch nach oben elegant und rasant durch den wässrigen Lebensraum flitzen. Dazu gehören unter anderem die 170 Arten aus der Familie Rückenschwimmer (*Notonectidae*, Wasserwanzen), von denen nur sechs Arten in Mitteleuropa vorkommen. Die häufigste heimische Art ist *Notonecta glauca*. Sie kommt auch in Gartenteichen gar nicht so selten vor.

Die Tiere sind kräftig gebaut und bis zu etwa 1,5 cm lang. Sie schwimmen tatsächlich (fast nur) in Rückenlage. Dabei dienen die mit einem breiten Haarsaum besetzten Beine des dritten Beinpaares als Antriebsorgane. Beim Schwimmen werden sie weit vorgestreckt und arbeiten wie die Riemen eines Ruderbootes. Den Rücken überzieht in Längsrichtung ein deutlicher Kiel. Haare an der Bauchseite halten immer kleine Luftbläschen fest – als Atemvorrat und für einen gewissen Auftrieb im Wasser. Die Komplexaugen sind so raffiniert aufgebaut, dass sie den Bereich direkt ober- und unterhalb der Wasseroberfläche bestens beobachten – trotz der ungünstigen Brechungsverhältnisse an der Grenzfläche. Anfassen sollte man die Rückenschwimmer übrigens nicht, denn sie können recht schmerzhaft zustechen.

Sackträger – An ihrer Verpackung könnt ihr sie erkennen

Obwohl die Falter meist klein und eher unscheinbar sind, zählen die Sackträger (*Psychidae*) dennoch zu den interessantesten Schmetterlingsfamilien. Mit über 800 Arten über die ganze Erde verbreitet, haben Sackträger biologisch viele Besonderheiten zu bieten: Bei den Weibchen der meisten Arten fehlen die Flügel, und bei einigen Arten sind die Weibchen bereits so stark spezialisiert, dass sie weder über Beine und Augen noch über Mundwerkzeuge verfügen. Eine weitere Besonderheit unter allen Schmetterlingen ist die Fähigkeit einiger Sackträgerarten zur Jungfernzeugung (Parthenogenese), der gleichgeschlechtlichen Fortpflanzung der Weibchen von Arten, bei denen es keine Männchen (mehr) gibt. Das alles steht mit der besonderen Eigenschaft dieser

Falter in Verbindung, die ihnen zu ihrem Namen verhalf. Gemeint ist ein Sack, den sich jede Larve sofort nach dem Schlüpfen aus dem Ei selber anfertigt. Dazu braucht sie vorher nicht einmal eine stärkende Nahrung aufzunehmen. Je nach Art fertigen die Sackträger-Raupen ein Gehäuse, das sie während der gesamten weiteren Entwicklung kein einziges Mal verlassen und in dem sie sich schließlich auch verpuppen. Die oft kunstvollen Bauwerke gleichen einer an beiden Enden offenen Röhre. Die Säckchen können aus Blattstückchen und Grashalmen, aus längs liegenden Zweigstückchen, aus quer, quadratisch oder spiralig angeordneten Stäbchen bestehen oder die Form eines mit Sand bedeckten Schneckenhauses besitzen. Auch kleine Teile toter Insekten, etwa Flügeldecken, finden beim Bau Verwendung. Durch Flechten- und Algenbeläge werden manche Gehäuse zu „Tarnsäcken". Das Baumaterial wird oft sehr kunstvoll angeordnet und verrät meist die Art-, mindestens aber die Gattungszugehörigkeit des Erbauers. Zur Fortbewegung steckt die Raupe vorne Kopf und Brust aus ihrem Gehäuse heraus. Wenn sie sich dann nur auf ihren Brustbeinen laufend vorwärts bewegt, erinnert das tatsächlich an das Tragen eines Sackes. Und der wird ständig durch Vergrößern und Erweitern an die wachsende Größe des Besitzers angepasst. Aus der hinteren Öffnung des Raupensackes werden die Ausscheidungen sowie die abgestreifte Haut nach den Häutungen entsorgt. Kommt die Raupe einmal nicht weiter vorwärts, kann sie sich in ihrem Gehäuse umdrehen und die andere Richtung einschlagen. Nachdem sich die Puppe aus dem Sack herausgeschoben hat, schlüpft der fertige Sackträger-Falter. Dessen Leben währt nie lange. In den wenigen Stunden, allenfalls zwei Tagen Flugzeit, in denen die Faltermänner auf Brautschau unterwegs sind, nehmen sie keine Nahrung zu sich – ihre Mundgliedmaßen sind völlig zurückgebildet. Bei vielen Sackträgerarten entsprechen die Weibchen gar nicht unserem üblichen Bild von einem Falter. Sie bleiben in der Mehrzahl wurmförmige, völlig zurückgebildete Wesen ohne Augen und Körperanhänge, die oft nicht einmal ihr Raupengehäuse verlassen. In manchen Fällen verbleiben sie sogar darin in ihrer Puppenschale. Nur bei wenigen Sackträgerarten kommen vollgeflügelte Weibchen vor. Manche verlassen zwar ihren Sack, aber nur, um sich darauf sitzend in Erwartung der Männchen festzuklammern. Alle Weibchen locken die Geschlechtspartner mithilfe von Duftstoffen an. Hat ein Sackträgermännchen sein Weibchen zielsicher gefunden, schiebt es zur Begattung seinen sehr dehnbaren, bis auf das Dreifache seiner Ruhelänge ausstreckbaren Hinterleib hinten in das Gehäuse des Weibchens hinein. Das Weibchen legt nach der Befruchtung alle seine Eier im Gehäuse ab, um nach erfüllter Mission völlig eingeschrumpft aus dem Sack herauszufallen. Nach dem Schlupf verlassen die Räupchen das sie über den Tod der Mutter hinaus schützende Gehäuse und beginnen sofort mit dem Bau ihrer eigenen, maßgeschneiderten Säckchen.

Schiffsbohrer – Gewaltsam durch die Wand

Das berühmteste schwedische Schiff ist die *Wasa* – sie sollte Schweden im Dreißigjährigen Krieg zur absoluten Seemacht über die Ostsee verhelfen. Es kam aber ganz anders:

Das offenbar falsch konstruierte Schiff kippte bei der Jung-
fernfahrt 1628 schon nach wenigen 100 m Fahrt im Hafen
von Stockholm um und versank erbärmlich. Erst Anfang
der 1960er-Jahre hob man es wieder an die Oberfläche, prä-
parierte es aufwendig und bietet es heute der staunenden
Öffentlichkeit im Vasa-Museum in Stockholm als beeindruckendes Anschauungsobjekt. Aber warum haben es die
sonst so gefräßigen Schiffsbohrer in fast 300 Jahren nicht
geschafft, das hölzerne Wrack auf dem Meeresgrund zu zer-
stören? Die Lösung dieses Rätsels ist einfach: Schiffsbohrer,
auch Schiffsbohrwürmer genannt, sind marine Arten, und
Kälte lieben sie auch nicht. Die Buhnen im Norden von Rügen benagen sie zwar noch, können aber schon im Süden
vor Saßnitz das allzu salzarme Wasser nicht mehr ertragen.
Vor Stockholm ist der Salzgehalt noch geringer. Der Schiffsbohrwurm gelangt bis heute nicht in diese Gegend.

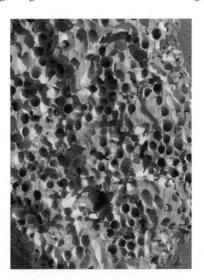

Trotz des beschreibenden Namens ist diese Tierart kein Wurm, sondern eine stark umgestaltete Muschel mit wurmförmigem, bis zu 20 cm langem Körper und einer reduzierten, etwa 1 cm langen zweiklappigen Schale. Zutreffender ist also die zoologisch korrekte Bezeichnung Schiffsbohrmuschel (*Teredo navalis*). Die Schale dient ihr aber nicht wie bei gewöhnlichen Muscheln zum Schutz ihrer weichen Körperteile, sondern wird zum Bohren im Holz von Schiffsplanken, Buhnenpfählen oder Treibgut eingesetzt. Hier fräst die Muschel bis etwa 1 cm dicke Gänge und kleidet diese mit einer weißen Kalkschicht aus. Die Zellulose des abgeraspelten Holzes dient ihr als Nahrung. Die zum Aufschluss der sonst für die meisten Tiere unverdaulichen Zellulose erforderlichen Enzyme stammen vermutlich von Bakterien, die als Symbionten im Bereich der Kiemen leben. Unklar ist bislang, wie diese hilfreichen Enzyme in den Verdauungstrakt der Muschel gelangen.

Die Schiffsbohrmuschel kommt weltweit bis in die gemäßigten Zonen vor. Die ganze Familie hat ihren Ursprung in tropischen Meeren. Nur wenige Arten schaffen es bis in die temperierten Meere. *Teredo* erträgt Temperaturen bis zum Gefrierpunkt und auch Brackwasserbedingungen bis zu 9 ‰, sodass sie zeitweilig auch in die Ostsee bis nach Rügen vordringen kann. Die Tiere sind Zwitter und produzieren in einem Jahr bis zu 5 Mio. Eier. Die winzigen Larven halten sich nur wenige Wochen im Plankton auf, setzen sich dann auf einem geeigneten Substrat fest und beginnen sofort, sich einzubohren. Ihren anfangs noch dünnen Bohrkanal kleiden sie mit Kalk aus. Aus den winzigen Löchern zur Außenwelt ragen nur die beiden Atemschläuche hervor, die das Tier mit sauerstoffreichem Wasser versorgen. Der

Befall eines Holzstücks ist daher von außen kaum zu sehen und erst dann zu bemerken, wenn es schon fast zu spät ist.

Bereits in der Antike waren die von Schiffsbohrmuscheln verursachten Schäden an den hölzernen Schiffsrümpfen bekannt. Die Römer schützten ihre Galeeren im Unterwasserbereich mit Metallblechen. Dieses Wissen ging jedoch wieder verloren, denn Christoph Kolumbus berichtet in seinen Logbüchern, dass seine Schiffe aus nicht erkannten Gründen urplötzlich auseinanderbrachen. Auf seinen vier Reisen verlor er auf diese Weise sogar neun Schiffe. In den Niederlanden hatten Schiffsbohrwürmer die hölzernen Deichtore zerfressen, sodass sie 1731 bei einer schweren Sturmflut brachen. Außerdem wurden Hafenanlagen „zerfressen", sodass der Handel der Holländer mit der Welt stark eingeschränkt war. Die Redensart „Holland in Not" wird auf die Zerstörung der Hafenanlagen durch die Schiffsbohrer zurückgeführt, nicht auf Sturmfluten.

Seit 1993 hat sich *Teredo navalis* in der westlichen Ostsee bis Rügen außerordentlich stark vermehrt und an hölzernen Küstenschutz- und Hafenbauten erhebliche Schäden verursacht. Vor der Küste von Mecklenburg-Vorpommern wurden Buhnenreihen aus dem Holz einer südafrikanischen Eukalyptusart ersetzt, das gegen den Schiffsbohrwurm weitgehend resistent sein soll. Auch setzt man hier versuchsweise Buhnen aus recyceltem Plastikmaterial ein, um generell vom anfälligen Holz wegzukommen.

Schlammschwimmer – Es gibt nur den einen

Seinen eigenartigen Namen hat er wegen seiner Vorliebe für flache, schlammige Gewässer, vor allem in Sandgruben: Der nur etwa 1 cm große Schlammschwimmer (*Hygroba hermanni*) ist der einzige bei uns heimische Vertreter aus der Käferfamilie Hygrobiidae. Er bewegt sich sehr schnell schwimmend durch sein schlammiges Wasserreich, indem er seine Hinterbeine nicht wie andere Schwimmkäfer synchron, sondern im Wechsel nach hinten bewegt. Bei Störungen kann er laute Zirptöne erzeugen, indem er die Hinterleibspitze gegen die Querriefen an der Unterseite seiner Flügeldecken reibt. Wenn er mit dem Hinterende voran den Wasserspiegel durchstößt, dann nur zur Erneuerung seines Luftvorrates, den er immer unter seinen Flügeldecken mit sich trägt.

Schornsteinfeger – So schwarz sind sie nun auch wieder nicht!

Immer noch sieht man sie in traditionell rabenschwarzer Gewandung, aber nur noch selten mit rußverschmierten Gesichtern: Kaminkehrer, regional auch Essenkehrer genannt, steigen ihrer Kundschaft nur noch gelegentlich aufs Dach und kümmern sich eher mit komplexer Messtechnik um die Abgaswerte von Hightech-Heizungsanlagen, bei denen es so gut wie nichts mehr zu fegen bzw. zu kehren gibt.

Mit Schornsteinfeger bezeichnet man eigenartigerweise in der heimischen Pilzflora die Spezies *Lactarius lignyotus*, die nun tatsächlich einen sehr dunkelbraunen, aber keineswegs schwarzen Stiel und Hut aufweist. Dieser gut kenntliche Vertreter der Milchlinge gilt als empfehlenswerter und wohlschmeckender Speisepilz. Manche Pilzfloren führen ihn auch unter der Bezeichnung Mohrenkopf auf, aber dabei schrillen bei politisch auf äußerste Korrektheit bedachten Gemütern sofort die Alarmglocken. Wie kann man nur …

Dennoch: Diese Begrifflichkeit hat durchaus Tradition. Entomologen bezeichnen bei den Tagfaltern die schwer unterscheidbaren Vertreter der Gattung *Erebia* als Mohrenfalter, von denen die meisten im Bergland und in den Alpen vorkommen. Die betont dunkelbraun, aber nun wirklich nicht schwarz gefärbten Individuen tragen ebenfalls die längst eingeführte Bezeichnung Schornsteinfeger.

Als Maikäfer (Vertreter der Gattung *Melolontha*) noch in fast allen Teilen Mitteleuropas häufig waren und die Kinder sie zur Flugzeit in Dosen oder Schachteln versorgten, unterschieden sie die verschiedenen Farbmorphen je nach deren farblichem Erscheinungsbild als Müller oder Schornsteinfeger.

Schwarze Witwe – Braucht sie wirklich Trost und Zuspruch?

Lackschwarz an sich ist schon ein ziemlich verruchtes Outfit, aber kombiniert mit 13 knallroten Punkten sieht es nun total verwegen aus: Allein nach ihrem halbweltlichen Erscheinungsbild ist die Schwarze Witwe (*Latrodectes mactans tredecimguttatus*) eine wunderschöne Spinne. In ihrem großen Verbreitungsgebiet in praktisch allen Wärmegebieten der Erde kann die Färbung allerdings variieren: Es gibt fast rein schwarze Formen und solche, deren Rouge et noir sich auf wenige Tupfer oder Striche beschränkt. Die berüchtigte und sehr dunkle „Black Widow" aus Nordamerika fasst man heute als verwandte Unterart der im Mittelmeergebiet vorkommenden Rotschwarzen auf.

Der kugelige Körper eines *Latrodectes*-Weibchens ist etwa 10–15 mm lang, der des Männchens dagegen nur 5–7 mm. Schon vor der letzten Häutung begibt sich das Männchen freiwillig in das Netz eines Weibchens und vollzieht hier zunächst einmal seine letzte Reifehäutung. Danach umspinnt der Spiderman die Beine des Weibchens mit wenigen Fäden, was zunächst nach Fesselspielen aussieht, aber dennoch als verzehrende Liebe endet: Noch während der Paarung befreit sich das Weibchen aus der nutzlosen Umgarnung und vertilgt seinen Paarungspartner genüsslich. Kaum ist also die Hochzeit vollzogen, steht die Spinnenfrau schon als Witwe da. Immerhin: Sie tröstet sich mit dem nächsten Männchen oder einer anderen Spinne, die ihr als Beute ins Netz gehen.

Alle Arten der Gattung *Latrodectes* gelten zu Recht als gefährlich – ihre Gifte gehen buchstäblich auf die Nerven. Der Biss ist zudem extrem schmerzhaft, aber ein gesunder Erwachsener überlebt ihn normalerweise. Für Kleinkinder könnte er allerdings kritisch werden. Im Verbreitungsgebiet der Schwarzen Witwen stehen in den medizinischen Einrichtungen allerdings Antiseren zur Verfügung.

Spanische Tänzerin – Flamenco im Takt der Wellen

Der Blick ins Salatbeet genügt: Eine Nacktschnecke stellt man sich üblicherweise als glitschiges, nächtens die Blätter zerschredderndes Schleimwesen vor, und das stimmt sogar. Kein Gartenbesitzer wird dafür besondere Sympathien aufbringen. Obwohl sie bei Dunkelheit unerkannt die Gemüsepflanzen roden, sind die Landschnecken eigentlich hochinteressante Tiere. Und welch komplexes Liebesleben die entwickeln ...

Szenenwechsel: Im großen Lebensraum Meer gehören die nackten, gehäuselosen Schnecken zu den mit Abstand schönsten Tieren überhaupt. Meeresnacktschnecken bilden zudem eine ganz andere Verwandtschaftsgruppe als die übel beleumundeten Landnacktschnecken. Man fasst sie als Hinterkiemer (*Opisthobranchiata*) bzw. Nacktkiemer (*Nudibranchia*) zusammen. Fast alle Arten sind außerordentlich farbenprächtig und gewöhnlich mit besonderen Körperanhängen dekoriert. Eine solchermaßen beeindruckende Erscheinung ist eine der größten Vertreterinnen dieser Verwandtschaftsgruppe überhaupt, die bis einen halben Meter lange Spanische Tänzerin (*Hexabranchus sanguineus*). Beim Schwimmen schwingt sie ihre seitlichen, knallig karminroten oder weißlich abgesetzten Mantelsäume wie eine Flamencotänzerin die Rüschen ihres lagenreichen Rockes. Die heftige Färbung ist eine warnende Adresse an Fische – die Schnecke schmeckt tatsächlich richtig abscheulich.

Spanner – Erdvermesser sind keine Lustmolche

Bei dem Begriff „Spanner" denken sicher die meisten von uns zunächst an solche problematischen Vertreter des männlichen Geschlechts, die ihren fragwürdigen Lustgewinn aus dem heimlichen Beobachten von (attraktiven) Frauen oder Liebespärchen ziehen. Wie kommt es aber dazu, dass auch eine der artenreichsten, über die ganze Welt verbreitete Schmetterlingsfamilie so genannt wird? Mit dem Namen „Spanner" wie mit der wissenschaftlichen Bezeichnung *Geometridae*, was zu deutsch „Geometer" oder „Erdvermesser" bedeutet, nimmt man auf ein sehr markantes, gemeinsames Merkmal dieser Schmetterlinge Bezug: Weil ihre Raupen nur noch zwei Beinpaare am Hinterleib haben, nämlich das letzte Paar Bauchfüße und die „Nachschieber", bewegen sie sich in eigenartig „spannender" Weise fort. Sie strecken zunächst ihren Körper weit nach vorn, um sich dann mit den Brustfüßen festzuklammern. Nun ziehen sie ihren Hinterleib nach und klammern die Hinterleibfüße dicht an den Brustfüßen an. Dadurch wird der Körper hochgewölbt und gekrümmt. Danach erfolgt das erneute Strecken ihres Vorderendes mit dem Nachziehen der hinteren Hälfte. Nachdem sich dieser Vorgang ständig wiederholt, wird man bei dieser eigentümlichen Art der Fortbewegung durchaus an einen aufwendigen Vermessungsvorgang erinnert. Als wenig gute Flieger sind die fertigen Falter in der Mehrzahl nachts und nur mühsam flatternd unterwegs. Auf ihrer Unterlage sitzend, sind die ruhenden Falter durch ihre Färbung und Zeichnung meist hervorragend getarnt. Selbst raschen Umweltveränderungen haben sie sich erfolgreich angepasst. So konnten sich Birkenspanner bei uns auf die Tarnwirkung ihrer weißen, schwach schwärzlich gesprenkelten Färbungsmuster verlassen, wenn sie auf den hellen Birkenstämmen ruhten. Als in englischen Industriegebieten auch die hellen Birkenstämme verrußten, setzte sich dort eine infolge von Erbänderung (Mutation) entstandene schwarze Birkenspannerform besonders erfolgreich durch. Sie war weit besser als ihre helle Verwandtschaft auf den rußgeschwärzten Baumstämmen vor gefiederten Fressfeinden sicher. Selbst Spannerraupen haben somit tolle Verbergetricks auf Lager. In Ruhestellung klammern sie sich übrigens nur mit den Beinen ihres Hinterleibs an Zweigen und Ästchen fest, während ihr Körper gerade gestreckt von der Unterlage absteht; sie erinnern so in Farbe, Form und Haltung an einen kleinen Zweig. Mit dem fast unsichtbaren Seidenfaden aus der Spinndrüse ihres Kopfes, den sie am Ästchen befestigen, geben die „Erdvermesser" sich zusätzliche Stabilität, können zudem nach einem unfreiwilligen Absturz gleich wieder an dem Faden hochklettern, oder ihn bei Gefahr im Verzug auch zum blitzschnellen Abseilen nutzen.

Steinbeißer – Der stammt nun wirklich nicht von Loriot!

Zumindest die Älteren unter uns kennen den herrlichen und oft wiederholten Sketch, in dem Loriot (i. e. Victor von Bülow, 1923–2011; der in seiner märkischen Heimat Bülow genannte Vogel Pirol heißt französisch *l'oriot*...) den weltberühmten Frankfurter Zoodirektor Prof. Dr. Bernhard Grzimek (1909–1987) in seiner Sendung „Ein Platz für Tiere" nachspielt. Dieser TV-Platz hat wirklich Fernsehgeschichte geschrieben. Loriot in der Rolle als Bernhard Grzimek brachte als tierischen Gast eine winzige „Steinlaus" mit, eben einen „Steinbeißer", der – während der Fernsehzoologe wie üblich unterhaltsam dozierte – auf dem Moderationstisch einen ganzen Werkstein wegraspelt. Die Loriotsche Steinlaus hat es später immerhin zu einem Eintrag in das bisher in weit über 100 Auflagen erschienene Standardwerk „Klinisches Wörterbuch" von Pschyrembel gebracht.

Der echte Steinbeißer oder die Dorngrundel (*Cobitis tama*) ist dagegen ein 10–12 cm großer, lang gestreckter Bodenfisch. Sechs kurze Bartfäden trägt er auf dem Oberkiefer. In klaren Fließgewässern und der Uferregion von Seen mit Schlamm- oder Sandgrund ist der Steinbeißer zu Hause. Tagsüber gräbt er sich in den weichen Untergrund ein, wobei er keineswegs das Substrat verzehrt, das er dabei aufwirbelt, um mit Dämmerungsbeginn auf Suche nach kleinen, am Boden lebenden Wirbellosen zu schwimmen. Steine frisst der Steinbeißer aber nicht, auch wenn er bei seiner Grabtätigkeit den Anschein erweckt.

Steinwälzer – Er legt sie alle um

In letzter Zeit wurden Wettbewerbe ziemlich populär, bei denen extrem kräftig gebaute und entsprechend starke Männer Dinge bewegen, die sich von „Normalos" keinen Millimeter aus ihrer Ruhelage bringen lassen würden.

Darunter befinden sich auch dicke Steine. Dennoch ist „Steinwälzer" keine andere Bezeichnung für diese „strong men". Der Steinwälzer (*Arenaria interpres*) ist vielmehr ein nur knapp amselgroßer, auffällig kontrastreich gefärbter Schnepfenvogel, den wir bei uns an der Nordseeküste als Durchzügler, Übersommerer und Wintergast erleben können. Seinen Namen verdankt er einer besonderen Technik des Nahrungserwerbs. Um an versteckte Beute, insbesondere Garnelen und andere Krebstiere zu gelangen, rennt er auf seinen für Schnepfenvögel ausgesprochen kurzen Beinen geschäftig durchs Watt oder an Felsenküsten entlang und dreht Steine, Treibgut oder Tang mithilfe seines kräftigen Schnabels geschickt um. Vor allem im Winter ernähren sich Steinwälzer aber auch von den Küchenabfällen der Strandrestaurants und verschmähen selbst Aas nicht. Ihr wissenschaftlicher Name *Arenaria interpres* macht auf den zweiten Blick ebenfalls Sinn. *Arenaria* ist die weibliche

Wortform von *arenarius*, was soviel bedeutet wie „jemand, der etwas mit Sand zu tun hat". Aber wie steht es mit *interpres* = Übersetzer/Interpret? Wer etwas interpretiert, schaut nach dem Sinn, er schaut dahinter. Und das würde im übertragenen Sinn auch für den hinter/unter Steinen nachschauenden Steinwälzer zutreffen. Doch selbst mit logischen Erklärungen kann man daneben liegen. Der Artnamenzusatz *interpres* rührt allein daher, dass sich Carl von Linné als Namensgeber hier einfach mal irrte, weil er annahm, der Steinwälzer würde auf Gotland als „Tolk" = Übersetzer bezeichnet. Dem großen Systematiker sei es verziehen. Zumal am Ende ja sogar doch noch das Passende für den Vogel herausgekommen ist.

Totengräber – Ein Name, ein klares Programm

Ob deutsch oder lateinisch: Der Name Totengräber bzw. *Necrophorus* ist eine klare Ansage. Von den insgesamt acht in Mitteleuropa vorkommenden Vertretern aus der Totengräbergruppe sind die etwa 1–2 cm großen Arten *Necrophorus vespilloides* und *Necrophorus vespillo* die häufigsten. Bei beiden Käfern spielt der Artname auf die rötlich-gelbe Zeichnung ihrer Flügelbinden an, die an ein Wespenmuster (*Vespula* = Wespe) erinnert und potenziellen Feinden eine Warnung sein soll. Während bei *vespilloides* der schwarze Halsschild stets glatt ist, trägt *vespillo* dort einen zum Rand hin verdichteten „Pelzkragen" aus gelblichen Haaren. Dass *Nectrophorus vespilloides* als „Gemeiner" Totengräber bezeichnet wird, hat nichts mit einer etwaigen Heimtücke, sondern mit seiner Häufigkeit zu tun. Totengräber sind im gemäßigten Klimabereich Europas und Asiens weit verbreitet und kommen sowohl in Mischwäldern wie in offenem Gelände mit Gärten und Parks überall vor. Gerne fliegen die Käfer in Wespentracht Lichtquellen an. Reicht die optische Warnung nicht aus, stoßen sie bei Berührung ein sehr unangenehmes, nach Ammoniak riechendes Sekret aus, das dem potenziellen Fressfeind den letzten Appetit verderben soll.

Sie selber verrichten eine wenig appetitliche, dafür aber umso wichtigere Arbeit als Leichenbeseitiger. Es sind die männlichen Totengräber, die auf Leichensuche gehen. Hat ein Männchen eine kleine Tierleiche, einen Vogel, eine Maus oder eine Spitzmaus, entdeckt, hebt er zunächst seinen Hinterleib empor, um mit den daraus abgelassenen Duftstoffen ein Weibchen anzulocken. Oft findet sich eine ganze Totengräberschar an dem Leichenfund ein. Doch nur das stärkste Paar wird schließlich zu Leichenbesitzern und paart sich schnell noch vor der anstehenden Arbeit. Beide Tiere versenken dann die Tierleiche durch Untergraben in den Erdboden. In der Grabkammer wird die Leiche schließlich zu einer Kugel geformt. Danach legt das Totengräberweibchen die 10–12 Eier in einen extra gegrabenen Seitengang ab, um sich schließlich auf der Leiche zu postieren. Jetzt beginnt sie mit dem Ausscheiden von Gewebe auflösendem Magensaft, den sie auf die Tierleiche tröpfelt. Die nach fünf Tagen schlüpfenden Larven machen sich sofort auf den Weg in die Grabkammer und kriechen zur Mutter, die in einer Grube auf dem Tierkörper sitzt. Dort füttert sie ihre Larven mit kleinen Tropfen des aufgelösten Tierkadavers im Mund-zu-Mund-Verfahren. Erst nach mehreren Häutungen versorgt sich der Nachwuchs im letzten Larvenstadium selbstständig von dem Leichenvorrat. Nach zwei Wochen Puppenruhe schlüpfen schließlich die jungen Totengräber, um von nun an als „Käfer-Gesundheitspolizei" ihrem wenig attraktiven, aber umso bedeutsameren Job nachzugehen. Womit sie sich mit ihren menschlichen Arbeitskollegen in bester Gesellschaft finden.

Warzenbeißer – Springlebendige Naturheilmethode

Mit bis zu 4,5 cm Körperlänge kann der Warzenbeißer (*Decticus verrucivorus*) noch etwa 1 cm größer werden als das mit ihm nah verwandte Grüne Heupferd (*Tettigonia viridissima*). Warzenbeißer sind jedoch gedrungener und kräftiger gebaut. Auch kommen sie nicht immer grün, sondern auch als braune oder grünbraune Farbtypen daher. Trotz ihrer viel kürzeren Flügel können sie ausgezeichnet fliegen. Nasse und trockene Wiesen, aber auch Heideflächen und Äcker sind ihr typischer Lebensraum. Den Namen Warzenbeißer erhielt die Art, weil man glaubte, der Biss oder der Magensaft könnten Hautwarzen beseitigen. Dieser Volksglaube ist nicht nur weitverbreitet, sondern auch recht alt. Als Carl von Linné 1758 den Warzenbeißer benannte, nutzte man ihn schon zum Entfernen von Warzen – eine Naturheilmethode, die in Oberschlesien immerhin noch bis in die 1940er-Jahre erfolgreich (?) praktiziert wurde.

Wassertreter – Ganz ohne Kneippkur

Wassertreten ist eine der Übungen, die einst der Wörishofener Pfarrer Dr. Sebastian Kneipp (1821–1897) seinen Patienten verordnete. Heute noch frönen zahlreiche Kneippanhänger dieser Tätigkeit mit hochgewickelten Hosenbeinen oder gerafften Röcken in ihrer Kur.

Im Tierreich gibt es „Wassertreter" gleich mehrfach. Zum einen wird so eine Schwimmkäfergattung *Haliphus* genannt, von der es bei uns etwa 20, allerdings nur schwer voneinander unterscheidbare Arten gibt. Die sehr kleinen, 2–3 mm langen Wasserkäfer haben einen eiförmigen, gelblich gefärbten und nach hinten zugespitzten Körper. Weil sie mit abwechselnd tretenden Bewegungen der Hinterbeine schwimmen, dazu deutlich weniger flink als die Schlammschwimmer mit der gleichen Beintechnik, heißen sie Wassertreter. In langsam fließenden und stehenden Gewässern sind Wassertreter zu finden – vielleicht sogar einmal im Tretbecken eines Kneippbades.

Die anderen Wassertreter sind zwei kleine, zierliche Tundrenvögel des Nordens, die an der Küste oder an seichten Tundrengewässern leben. Dort schwimmen Odinshühnchen (*Phalaropus lobatus*) und Thorshühnchen (*Phalaropus fulcorius*) auf ihrem Nahrungsgewässer und wirbeln tretend unter kreiselförmigen Körperdrehungen Planktonorganismen hoch, um sie eilig von der Wasseroberfläche abzupicken. Der Familienname *Phalaropodidae* der Wassertreter hat auch etwas mit dem Fuß zu tun. Weil dieser mit Hautlappen ähnlich dem Blesshuhn versehen ist, bedeutet *Phalaropus* „Blesshuhnfuß", von griechisch *phalaris* = Blesshuhn und lateinisch *lobatus* = mit Lappen versehen, während *fulcorius* auf Lateinisch blesshuhnartig heißt.

Weberknecht – Kein Opfer der Ausbeutung

Mit seinen „Webern" hat Gerhart Hauptmann (1862–1946) ein bedeutendes literarisches Denkmal gegen die Ausbeutung von Menschen geschaffen. Davon kann nun bei den Weberknechten keineswegs die Rede sein. Sie sind durchaus nicht die Knechte der Weber, und damit eine noch geringere Kaste, sondern stellen eine eigene Ordnung der Spinnentiere.

Wie bei den Pseudoskorpionen sind auch bei den Weberknechten Vorder- und Hinterkörper zu einer kompakten Einheit verschmolzen. Die Beine der meisten der 50 in Mitteleuropa vorkommenden Arten sind außerordentlich lang. Sie spinnen (weben) zwar keine Netze, aber wenn sie sich bei einer Häutung an Keller- und Höhlendecken oder Hauswänden festhalten und die überlangen Beine schleifenförmig aus ihren zu klein gewordenen Hüllen herausziehen, erinnert der Vorgang, ebenso wie die zurückbleibende, filigrane Weberknechthaut, schon ein wenig an das Weben.

Ziegenmelker – Ein Nachtschatten auf Milchklau?

Welch seltsamer Name für einen der eigenartigsten Vertreter aus unserer einheimischen Vogelwelt! Kaum jemand hat ihn schon gesehen. Der amselgroße, langschwänzige Insektenjäger mit dem kleinen Schnabel und riesigen Rachen ist nämlich nur ab Dämmerungsbeginn und in der Nacht auf langen Flügeln unterwegs. Tagsüber ist der Bodenbrüter durch seine Gefiederfärbung und sein Verhalten hervorragend getarnt: In Längsrichtung und mit geschlossenen Augen auf einem Holzstück oder Ast sitzend, verschmilzt er mit seinem rindenfarbigen Gefieder optisch hervorragend mit dem Untergrund. Am ehesten verraten Ziegenmelker ihre Anwesenheit durch den minutenlangen, schnurrenden Balzgesang, ihre „ku-ik"-Rufe und das laute Flügelknallen der Männchen bei ihren Imponierflügen. Eigentlich ist es überraschend, dass das markante Schnurren nicht namengebend war. Die alte Vorstellung, von der bereits griechische und römische Schriftsteller berichteten, dass Ziegenmelker nachts die Euter von Ziegen leeren, wurde zwar fleißig weitergegeben, aber wohl nie wirklich hinterfragt. Seit Linné (1758) trägt der Vogel den offiziellen wissenschaftlichen Namen *Caprimulgus* (lateinisch *capra* = Ziege und *mulgeo* = melken). Von Italien über Frankreich, Deutschland, Dänemark und England wird er gleichermaßen benannt: succiacapra, tette-chevre, Ziegenmelker, gjedemelker und goat-sucker. Es lässt sich rätseln, ob Auslöser für die Namensgebung die Beobachtung war, dass sich Insekten gerne in der Nähe von Weidetieren aufhalten und ein Vogel, der in Euternähe Insekten fängt, leicht zum Milchklau mutiert. Wer aber will dies ernsthaft im Dunkeln gesehen haben? Weil diesen „Nachtschatten", so sein Zweitname, niemand wirklich kannte, war der Ziegenmelker vielleicht auch die perfekte Ausrede für Ziegenhüter, die ein gutes Argument für leere Euter gegenüber ihren erbosten Herdenbesitzern parat haben mussten. Da kam ihnen der große Rachen des Vogels, den man sich passend am Euter vorstellen kann, vielleicht gerade recht. Wenn auch nicht auf Milchklau, so doch auf Insektenjagd und Balz fliegend nächtens unterwegs, können wir den Langstreckenzieher bei uns von Ende April bis Anfang August in Heide- und Dünengebieten oder lichten Kiefernwäldern, dort bevorzugt auf Kahlschlägen, schnurren und rufen hören. Die ganz Glücklichen unter uns sehen vielleicht sogar weiße Flecken plötzlich im Dunkeln aufblitzen. Das sind Farbmarken an den Flügelenden und äußeren Schwanzfedern der Ziegenmelkermännchen, die nur bei den fliegenden Nachtschatten sichtbar werden.

4

Merkwürdige Objekte aus den Organismenreichen

B. P. Kremer und K. Richarz, *Was alles hinter Namen steckt*,
DOI 10.1007/978-3-662-49570-4_4

Was das wohl sein mag ...

Das Bedürfnis, erlebte und in ihrem Aussehen oder Verhalten eventuell verwundernde Arten aus der aktiv wahrgenommenen Umwelt mit einem mitteilbaren Namen zu versehen, führte aus heutiger Sicht relativ häufig zu etwas gewagten Anleihen bei den Objektbezeichnungen des Alltags. Ob ein als Feenlämpchen bezeichnetes und für sich betrachtet gewiss bestaunenswertes Minibauwerk wirklich an ein technisch ernst zu nehmendes Leuchtmittel erinnert oder das Landkärtchen die gedruckte Miniwiedergabe eines Landschaftsausschnittes darstellt, mag man im Einzelfall kritisch bis spöttisch-zweifelnd hinterfragen. Bei vielen Artbezeichnungen, so etwa bei der Hexenbutter und bei der Totenuhr haben gewiss auch verborgene Ängste und damit verknüpfte Zwangsvorstellungen die Namensgebung beeinflusst und die Fantasien naiver Gemüter zusätzlich beflügelt. Die verarbeitende Beschäftigung mit der uns umgebenden Natur und ihren vielfältigen sowie vielfach so gar nicht erklärbaren Erscheinungen war eben zu keinem Zeitpunkt völlig frei von seltsamen Diktaten der Gefühlswelt. Wer weiß – vielleicht fühlt sich selbst ein erfolgreicher, weil in seinem Beruf nur mit abstrakt-rationalen Größen arbeitender Kernphysiker nachts allein auf dem Friedhof auch nicht besonders wohl ...

Die Ergebnisse der oft seltsam anmutenden Benennungen von Wirbellosen und Wirbeltieren oder von anderen Vertretern der heute in Fachkreisen weithin anerkannten fünf Organismenreiche (Bakterien, Protisten, Pilze, Pflanzen und Tiere; man verteilt sie nach anderen Kriterien übrigens zunehmend auf die drei Domänen Archaea, Bacteria und Eucarya) lösen gezielte Nachfragen aus. Einigen bemerkenswerten Beispielen gehen wir in diesem Kapitel nach.

Ansauger – Ein tierischer Pümpel

Man mag ihn nicht und braucht ihn doch: Spätestens, wenn die Abflussrohre von Badewanne, Wasch- oder Duschbecken verstopft sind, ist man froh, dass man ihn zur Hand hat, den Pümpel mit der roten Gummisaugscheibe am kurzen Holzgriff. Tierische „Pümpel" sind die Ansauger oder Saugfische, die ihre Bauchflossen in eine große, mit zahlreichen Papillen besetzte Saugscheibe umgewandelt haben. Sie sitzt auf der Unterseite des Fischkörpers ganz dicht hinter dem Kopf. Als Bodenfische halten sich Ansauger zwischen Seegraswiesen und in Gezeitentümpeln auf. In den bewegten Küstengewässern können sie sich mit ihrer Saugscheibe an Steinen festhalten, durch eigenartige Bewegungen ihres „Pümpels" an den Steinen oder glatten Felsen aber auch rasch entlang gleiten. *Diplecogaster bimaculata*, Zweifleckenansauger, heißt ein bis zu 5 cm großer, grundelähnlicher Fisch, der bei uns in der Nordsee „pümpelt". Bekannter als die Ansauger sind allerdings die Schiffshalter (*Echeneis maucrates*). Mit ihrer länglichen, quer gerippten Saugscheibe auf dem Kopf heften sie sich an große Meerestiere, von Haien bis Schildkröten, lassen sich von ihnen weite Strecken mittransportieren und leben dabei von kleinen, parasitischen Krebsen auf der Haut ihrer Unterwassertaxis. Gelegentlich wagen Schiffshalter auch mal einen Seitensprung, um frei lebende Krebse und Kleinfische zu verzehren.

Arche Noah – Und nur ein Passagier an Bord

Wer Arche Noah heißt, muss etwas mit ganz viel Wasser zu tun haben. Und so ist es auch. Sie heißt mit deutschem wie wissenschaftlichem Namen gleich: Die Arche Noah (*Arca noae*) ist wohl die bekannteste Art aus der Familie der Archenmuscheln (*Arcidae*), einem uralten, schon vor 500–450 Millionen Jahren existierenden Muschelgeschlecht. Archaische, ursprüngliche Merkmale haben Archenmuscheln bis heute behalten. So sind bei ihnen die beiden Schließmuskeln noch gleich groß, und ihr Schloss trägt meist zahlreiche, mehr oder weniger gleichartige Zähne. Dagegen haben sie den ursprünglich strahlenförmigen Stand der Zähne abgeändert. Die Schalen der Archenmuschel sind breit gestreckt, meist gerippt und tragen eine haarige oder schuppige Oberschicht (*Periostracum*), die einer Art den Namen *Barbatia barbata*, Bärtige Archenmuschel, eintrug. Unsere Arche Noah wohnt in ihrem 8 cm langen, lang gestreckten, hellbraunen Gehäuse mit dunkler geflammten Bändern, das von einer braunen, kurzhaarigen Oberschicht bedeckt ist. Wegen ihrer Häufigkeit, Schmackhaftigkeit und Größe endet die Arche Noah rund ums Mittelmeer sehr oft auf Fischtheken. Dort holt man den einzigen Passagier aus dem Arche-Noah-Gehäuse heraus, um das Muschelfleisch roh und mit Genuss zu verzehren.

Bitterling – Durchaus kein Kümmerling

Der ungefähr fingerlange Bitterling (*Rhodeus amarus*) ist der kleinste heimische Vertreter der Karpfenfische. Womöglich schmeckt er tatsächlich ziemlich bitter, denn immerhin trägt er diese Geschmackskomponente in seinem Artnamen. Er lebt in stehenden oder langsam fließenden Gewässern. Dort pflegt er stets die Gesellschaft zu Teich- oder Malermuscheln. Während der Laichzeit wählen sich die Bitterlingmännchen ein Revier mit einer Muschel aus, das sie gegenüber Artgenossen wirksam verteidigen. Schließlich ist die Muschel unverzichtbarer Bestandteil einer erfolgreichen Bitterlingsvermehrung. Nachdem das Weibchen mit seiner Legeröhre die Eier in den Kiemenraum der Muschel abgegeben hat, spritzt der Revierinhaber seinen Samen über die Muschel, den diese über den Atemwasserstrom einsaugt. Somit ist dafür gesorgt, dass die Bitterlingeier auch tatsächlich befruchtet werden. Nach zwei bis drei Wochen Brutzeit verlässt der gut 1 cm winzige Bitterlingnachwuchs die sichere „Brutstation". Wenn man ihm die passende Großmuschelgesellschaft bietet, fühlt er sich auch in größeren Gartenteichen sehr wohl.

Buntrock – Hübsch gefärbt, aber stinkt enorm

Er, besser sie, ist durchaus hübsch anzuschauen. Der Buntrock (*Cyphostethus tristriatus*) ist nämlich kein Kleidungsstück, sondern eine bunt gerockte, weil besonders hübsch gefärbte Wanze. Die einzige Art ihrer Gattung ähnelt in ihrer grünen Färbung und den zwei roten Binden der Stachelwanze, ist aber deutlich kleiner und vor allem viel glänzender und kräftiger gefärbt als diese. Eben ganz Buntrock! Sie zählt zu den „friedlichen", Pflanzensaft saugenden Wanzen, steht auf Wacholder (in Blattform) und saugt dort bevorzugt an den Beerenzapfen. Eine besondere Eigenschaft ist für den Buntrock und seine Verwandtschaft geradezu eine Lebensversicherung, für uns dagegen eher unangenehm: So schön die meisten Wanzen anzusehen sind, so unangenehm riechende Sekrete können sie aus ihren Duftdrüsen abgeben, die zudem äußerst wirksame Kontaktgifte sind. Was für uns aber nur übel riecht, wirkt auf angreifende Ameisen innerhalb weniger Minuten paralysierend. Zumindest für die gilt: „Finger weg von Buntröcken!"

Chinesenhut – Unerkannte Geschlechtsumwandlung

Zumindest früher verkleidete man sich zu Fasching bzw. Karneval gerne als Chinese. Dabei war neben angemaltem Chinesenbart und Schlitzaugen der kreisförmige, in der Mitte spitz zulaufende Basthut das wichtigste Requisit. Solcherart gestaltete Gehäuse bildet der zu den Hutschnecken zählende Chinesenhut (*Calyptraea chinensis*). Kreisrund, niedrig, kegelig, mit einer Spitze fast in der Mitte, erinnert das knapp 3 cm kleine Hutschneckengehäuse frappierend an die traditionelle chinesische Kopfbedeckung. Wie die Ungarnkappe sitzen auch die Chinesenhüte gerne auf Muschelklappen oder saugen sich an anderen Hartkörpern fest. Der Atlantik, das Mittelmeer und die Nordsee sind ihre Heimat. Unter dem „Hut" tut sich im Verlauf des Schneckenlebens Bemerkenswertes: Denn *Calyptraea chinensis* ist sowohl Mann wie Frau. Zuerst produziert der Chinesenhut männliche Geschlechtszellen, setzt sich dann fest und wird nach einem Übergangsstadium zum Eier legenden Weibchen.

Erdstern – Eine ganz und gar irdische Astroszene

Zu Recht erwartet man nach der üblichen Begrifflichkeit Sterne als leuchtende und mitunter funkelnde astronomische Objekte am klaren Nachthimmel, auf der Erde dagegen allenfalls Stars oder Starlets, die im Allgemeinen schonungslos reichlich Stoff für die Klatsch- bzw. Regenbogenpresse liefern. Die hübsch anzusehenden Erdsterne wird man dagegen nie in den astronomischen Jahrbüchern finden, und die Yellow-Press-Journaille kennt sie vermutlich nicht einmal dem Namen nach. Es sind nämlich heimische Pilze aus der Verwandtschaft der Bauchpilze und somit enge Verwandte der eigenartigen Boviste, Gitterlinge, Stinkmorcheln und Tintenfischpilze. Ihr lateinischer Gattungsname *Geastrum* ist die wörtliche Übersetzung von Erdstern, und diese Bezeichnung ist absolut trefflich gewählt.

Die Fruchtkörper erscheinen von Spätsommer bis Herbst meist in Nadel- und Mischwäldern. Die Außenschicht bricht vielarmig sektorenweise auf und rollt sich nach außen um – sie ergibt somit einen sternförmigen Umriss. Im Zentrum des Sterngebildes thront eine als Staubkugel bezeichnete Struktur. Sie enthält in ihrem Inneren die

Sporenmasse. Die staubfeinen, meist dunkelbraunen bis schwärzlichen Sporen entweichen bei trockener Witterung durch eine zentrale Öffnung. Mehr als ein halbes Dutzend Arten kommt in Mitteleuropa vor. Sie alle ernähren sich saprobiontisch vom Abbau organischer Totsubstanz im Boden. Erdsterne sind zwar nicht giftig, aber keine empfehlenswerten Speisepilze.

Feenlämpchen – Keine besondere Leuchte

An Bogenarmen aufgehängte Laternen mögen die Namensfindung beflügelt haben: Kleine, wie umgedrehte Weingläser aussehende Gespinste an Stängeln und Halmen bezeichnet der Volksmund als Feenlämpchen – gleichsam die Wegebeleuchtung für nächtens umherhuschende Feld- und Wiesengeister. Tatsächlich sind die seidenzarten Gebilde die Eikokons der etwa 9 mm langen Spinnenart *Agroeca*

brunnea, die man der Einfachheit halber als Feenlämpchenspinne bezeichnet. Sie konstruiert keine großen Radnetze wie die bekannte Kreuzspinne, sondern geht bei Dunkelheit persönlich auf die Jagd, während sie sich tagsüber am Boden versteckt.

Der frisch aufgehängte Feenlämpchenkokon ist schneeweiß und damit recht auffällig. Noch in der Nacht der Eiablage tarnen die Spinnenmütter jedoch ihre künftige Kinderstube und kleben mit Speichel feine Erdteilchen auf dem Seidengespinst fest. Der gleichsam mit Dreck beworfene Kokon ist damit nicht mehr besonders attraktiv und zieht vor allem keine neugierigen Blicke auf sich.

Feuerwalzen – Schwimmende Leuchtstoffröhren?

Man könnte glatt an ein katastrophales Schadensereignis denken: Eine Wand lodernder Flammen überrollt Gebüsche oder Gebäude und zieht eine Spur aus Asche und Rauch hinter sich her – so fast regelmäßig zu erleben in den Trockenwaldgebieten Australiens oder der südwestlichen USA. Die echten Feuerwalzen sind jedoch völlig harmlos, zumal sie auch noch im Meerwasser schwimmen. Man bezeichnet damit höchst seltsame Meerestiere, die man sich als eine Art driftender Fichtenzapfen etwa von Meterlänge vorstellen muss. Dieses Gebilde ist eine Kolonie von etlichen Hundert Einzeltieren, die sich vom Einstrudeln winziger Partikeln ernähren. Die häufigste Art in Nordatlantik und Mittelmeer ist *Pyrosoma atlanticum* – wörtlich der Atlantische Feuerkörper. Jedes tonnenförmige Einzeltier besitzt ein paariges Leuchtorgan, in dem symbiontische Leuchtbakterien leben. Diese senden auf Kommando und aus bisher unverstandenen Gründen ein intensives grünblaues Licht aus – das Namen gebende Merkmal der gesamten Tiergruppe. Normalerweise stellt man sich unter einem Feuer etwas gelbrot Loderndes vor. In diesem Fall hat die Seefahrtsprache nachgeholfen: Für den Seemann heißt ein jedes Signal am oder auf dem Wasser (Leucht-) Feuer. Wenn die Feuerwalzen schwarmweise auftreten, reicht ihr Licht nach alten Berichten sogar aus, um nachts die Segel der Schiffe zu erhellen.

Fleckenturban – Kein Grund für die Reinigung

Ihr Gehäuse erinnert tatsächlich an die kunstvoll gewickelte morgenländische Kopfbedeckung, die in leichter Abwandlung viele unserer Frauen nach dem Duschen in Handtuchform um ihren Kopf tragen. Das turbanartige, bis zu 5 cm hohe Gehäuse der Hutschneckenart (*Monodonta articulata*) umfasst 6–7 Windungen. Ihren Namen Fleckenturban trägt sie wegen der äußerst bunten Färbung ihres Gehäuses mit zahlreichen rot- bis schwarzbraunen Flecken und Wellenlinien. An den Felsküsten des Mittelmeers, auch an Kaimauern, kann man den Fleckenturban finden. Selbst ein kurzes Trockenliegen macht ihm nichts aus. Die Hutschnecke macht dann einfach mit einem hornigen Deckel ihren Turban – Pardon! – ihr Gehäuse, unten dicht.

Friesenknöpfe – Wahrer Glanz kommt nur von innen

Jahrzehnte lang dienten Perlmuttknöpfe, kunstvoll gefertigt aus den Schalen von Muscheln oder Schnecken, an Herrenhemden und erst recht an Damenblusen als zuverlässige Verschlusssachen. Der Massenramsch des Plastikzeitalters hat den Naturstoff aus dieser vornehmen Aufgabe weitgehend entlassen. Perlmutt oder Perlmutter ist die innerste Schalenschicht von Schnecken und Muscheln. Hier sind winzige, tafelige Kristalle von Aragonit parallel zur Oberfläche eingelagert und rufen durch eine besondere Lichtbrechung den eigenartigen Perlglanz hervor.

Die Aschgraue Kreiselschnecke (*Gibbula cineraria*) kommt in der Gezeitenzone an der Nordsee vor. Häufig findet man die leeren Gehäuse im Angespül, wo sich ihr hübsches grau-rotes Streifenmuster durch Reibereien mit den Sandkörnern im Spülsaum rasch abschleift und die darunter liegende Perlmuttschicht durchscheinen lässt. Ob die Friesen sich mit diesen Schneckengehäusen tatsächlich zuknöpften, ist nicht exakt überliefert und vielleicht sogar ein wenig unwahrscheinlich: Die etwa 1,5 cm hohen und ziemlich kugeligen Gebilde lassen sich nur ganz schlecht annähen, es sei denn, man schleift sie flach und bohrt sie mehrfach an. In die *Gibbula*-Leerschalen ziehen nicht selten die frühen Entwicklungsstadien von Einsiedlerkrebsen ein.

Hexenbutter – Glitschig, gelb und ein wenig gespenstisch

Manchmal sehen sie wirklich aus wie – Pardon! – hingerotzt. Andere erinnern an tropfende Farbkleckse oder verschmierte Butter vom Picknickbrötchen – seltsame, manchmal sogar mehr als handflächengroße Gebilde auf Baumstümpfen, lagerndem Holz, nassen Felsen oder feuchtem Waldboden – marodierende Minimonster, die nach Schneckenmanier unmerklich langsam umherkriechen, aber für eine gewöhnliche Nacktschnecke viel zu groß und zu platt sind: Es sind Vertreter der seltsamen Schleimpilze (*Myxomyceten*), die allerdings mit den üblichen Pilzen überhaupt nicht verwandt sind. Solange man die Lebewesen vereinfachend nur in Pflanzen und Tiere einteilte, hatte man in der Biologie ziemliche Probleme damit, sie in irgendeines dieser beiden Organismenreiche einzuordnen. Also musste die Fantasie helfen, denn für alles, was man sich in Feld und Flur nicht erklären konnte, mussten früher der naiven Vorstellung Hexen, Teufel oder andere lichtscheue Figuren dienen. Heute versteht man die überaus faszinierenden Schleimpilze als Vertreter des eigenen Organismenreiches Protisten. Mehr als 400 verschiedene Arten kommen in Mitteleuropa vor und leben – meist ziemlich unerkannt als merkwürdige Minimonster in zumindest zeitweilig feuchten Lebensräumen. Wenn sie ihre Lebensphase als amöbenhaft kriechende Kleckse beendet haben, entwickeln sie Sporenbehälter, die wie winzige Lampions, aufgereihte Zaunlatten oder ausgestreute Liebesperlen aussehen.

Holzbock – Bockig wie ein Böckchen

Gams-, Reh- oder Ziegenbock geben sich mitunter recht bockig, wenn sie mal gerade keinen Bock haben. Ein Holzbock wäre davon eventuell die hölzerne Variante im Spielzeugformat, doch die ist hier nicht gemeint. Auch weitere

Böcke wie Alpen-, Held- und Moschusbock aus der großen Familie der Bockkäfer stehen zur Auswahl. Die scheiden hier ebenfalls aus – auch der Haus- oder Balkenbock, dessen Larven das Dachgestühl zerbröseln. Schließlich könnte der Holzbock noch ein landwirtschaftliches Gerät zum Zersägen von Schlagholz sein. Nein, auch nicht …

Mit Holzbock bezeichnen die Zoologen eigenartigerweise eine nicht ganz ungefährliche Milbe und damit ein Spinnentier, nämlich die weltweit verbreitete Waldzecke (*Ixodes ricinus*). Der Namensteil „Holz" steht gleichbedeutend für Wald bzw. Gebüsch – so bezeichnet man vor allem in Norddeutschland kleinere Waldstücke, was auch in Ortsnamen auftritt (Osterholz, Nordholz u. a.). Der „Bock" ist tatsächlich ein Zitat des Ziegenbocks: So bockig dieser sich mitunter anstellt, so widerspenstig ist auch der Holzbock, wenn man ihn aus der Haut entfernen will, in die er sich eventuell wirksam vertieft hat.

Alle Zecken sind blutsaugende Ektoparasiten an Reptilien und Warmblütern. Die Weibchen benötigen mehrere Blutmahlzeiten, um ihre Larven- und Eientwicklung abzuschließen. Beim Saugen können sie die Erreger der Lyme-Borreliose (Bakterien) und der Frühsommer-Meningoencephalitis (Zecken-Encephalitis, Viren) übertragen. Sie sind also nicht nur lästig, sondern wirklich gefährlich – mal abgesehen davon, dass sie schlecht verheilende und lange Zeit juckende Bissstellen hinterlassen.

Holzkeule – Gefährliche Nahkampfwaffe?

Eine massive Keule aus Holz, die beim direkten Einsatz erwartungsgemäß einen beachtlichen Impakt erzielt, verbindet man üblicherweise mit dem verbreiteten, aber so nicht unbedingt zutreffenden Bild eines Neandertalers in leicht gebückter Haltung, der sich auf das martialische Gerät stützt. Die hier gemeinte Spezies ist allerdings kein Attribut des Vormenschen, sondern ein kleiner und zudem recht hübscher Schlauchpilz: Die Geweihförmige Holzkeule (*Xylaria hypoxylon*) ist die häufigste Art der Gattung und erscheint fast ganzjährig auf totem Laubholz. Giftig ist sie nicht, aber wegen ihrer knorpeligen Konsistenz ungenießbar. Der Pilzfruchtkörper ist eigentlich tiefschwarz, zeigt sich aber gewöhnlich hellgrau bis weiß bestäubt, weil er auf seiner Oberfläche auf ungeschlechtlichem Wege Unmengen heller Sporen (*Konidien*) entwickelt.

Die Gattung *Xylaria* (abgeleitet vom griechischen *xylos* = Holz) umfasst in unserer heimischen Pilzflora noch ein paar weitere Arten, die allerdings nicht so grobschlächtig aussehen wie die Geweihförmige Holzkeule, sondern etwas eleganter und ebenmäßiger in der Art einer Baseballkeule.

Kaisermantel – Ein ganz Besonderer unter den Edelfaltern

Der Kaisermantel (*Argynnis paphia*) wird auch Silberstrich genannt. Den Zweitnamen trägt er wegen seiner silbrig-perlmuttfarbenen Zeichnung auf der Unterseite seiner Hinterflügel, die in verschiedenen Ausführungen alle 18 heimischen Arten der Perlmutterfalter auszeichnet. Oberseits leuchtend orangebraun gefärbt mit eingestreuten schwarzen Punkten und Strichen gehört der Silberstrich mit seinen 3,5 cm langen Vorderflügeln zu den größten Schecken- und Perlmutterfaltern. Außerdem ist er nicht selten und in günstigen Jahren sogar recht häufig auf Lichtungen, an Waldrändern und sonnigen Wiesen anzutreffen. Groß, auffällig und dazu noch mit edlem Silber in den Flügeln – eben ein richtiger „Kaisermantel". Seine Raupen fressen an Veilchen und an Himbeeren. Die meist erst im Herbst schlüpfenden Räupchen überwintern sehr klein und mitunter sogar noch in der Eihülle.

Klappmütze – Wie die Nase zur Mütze wird

Eine Besonderheit dieser im Packeis lebenden großen, kräftigen Robben sind ihre beachtlichen Nasen. Während bei den Weibchen und Jungtieren von *Cystophora cristata* die Nase den Mund lediglich überragt, ist sie bei den erwachsenen Robbenbullen zu einer schwarzen Blase umgebildet, die im schlaffen Zustand wie ein Elefantenrüssel über ihrem Mundspalt hängt. Bei Erregung pustet ein Klappmützenbulle seine Nase auf, die dann nach oben rutscht und ihm wie eine Mütze auf dem Kopf sitzt. Gleichzeitig bläst er noch die rote Nasenscheidewand wie einen Ballon aus einem Nasenloch heraus, wobei das an eine Kaugummiblase erinnernde Gebilde durchaus Kopfgröße erreichen kann. Beim gleichzeitigen Brüllen funktionieren die aufgeblasene „Nasenmütze" und die ausgestülpte Nasenscheidewand äußerst wirksam als Lautverstärker. Was auf uns vielleicht ein wenig lächerlich wirkt, erzielt bei den Rivalen die gewünschte Wirkung. Die kann der erregte Bulle durch seine Klappmütze erfolgreich von seinen Frauen und Kindern auf der Eisscholle fernhalten.

Landkärtchen – Topografie ohne Orientierungshilfe

Obwohl eine Landkarte ein vereinfachtes Bild der wirklichen Landschaft sein soll, erscheint sie zunächst einmal als vielteiliges Gefüge aus Flächen und Linien. Eine kleinmaßstäbliche Katasterkarte wirkt mit ihren vielen Flächenstücken und Grenzmarken sogar wie das wirre Geäder eines Schmetterlingsflügels – oder umgekehrt: Die

Flügelunterseiten des leider nicht mehr ganz so häufigen Landkärtchen(falter)s (*Araschnia levana*) sehen tatsächlich aus wie ein von fachmännischer Hand bunt wiedergegebener Ausschnitt aus einer beliebigen Flurkarte. Die hellen Flügeladern bilden das Wegenetz, die farbigen Flügelfelder die Ackerparzellen.

Interessanterweise gibt es beim Landkärtchen je nach Jahreszeit zwei völlig unterschiedliche Erscheinungsformen. Die (erste) Frühjahrsgeneration (forma *levana*) ist oberseits orangebraun und leicht schwarz gefleckt, die (zweite) Sommergeneration (forma *prorsa*) dagegen ist im Grundton fast schwarz mit einzelnen cremeweißen Bändern. Fachleute sprechen in diesem Fall von Saisondimorphismus, der über die Tageslänge gesteuert wird. Die Färbung der Unterseiten des Landkärtchens bleibt von der Oberseitenausfärbung so gut wie unberührt – sie sehen bei beiden Generationen nahezu identisch aus wie die gleichen Kartenausschnitte.

Nixentaschen – Ausrangierte Accessoires?

Früher machten beim einfachen Volk „an den langen Winterabenden" allerhand Erzählungen die Runde, zu deren thematischer Besetzung auch diverse Elfen, Feen, Nixen und andere Spukgestalten in regional unterschiedlicher Ausprägung gehörten. Die gegenseitige Abgrenzung dieser seltsamen Wesen ist indessen schwierig. Als Nixen versteht man heute am ehesten wohlproportionierte junge Damen, die in knappst bemessenen Badekostümen (oder weniger) für ein Hochglanzmagazin posieren. Obwohl durchweg recht ansehnlich, waren die früheren Nixen wohl mehrheitlich boshaft veranlagt – sie brachten den Menschen Gefahr, Schaden und womöglich den Tod. In Goethes Ballade „Der Fischer" lockt eine Nixe den Unglücklichen in ihr nasses Reich. Der Ehrenbreitsteiner Clemens Brentano (1778–1842) schuf mit seiner Lore Lay eine der europaweit bekanntesten Frauengestalten, die nie existiert haben; bei Heinrich Heine (1797–1856) wurde sie letztlich zum fatal blonden und verführerischen Supermodel, das heftig in den Hormonhaushalt der Rheinschiffer eingreift. Vermutlich war auch sie eine Nixe. In Richard Wagners (1813–1883) schwülstigem *Ring der Nibelungen* treten diverse Nixen unter der Bezeichnung „Rheintöchter" auf.

Nach ihrer Präsenz im Erzählgut bzw. in der Literatur sind Nixen sowohl limnisch wie marin verbreitet. Die letztere Notierung ist in diesem Zusammenhang besonders aufschlussreich, denn als Nixentaschen bezeichnet der Volksmund üblicherweise die in den Spülsäumen am Strand herumliegenden tintenschwarzen und leicht spröden Gebilde von rechteckigem Umriss, die an allen Ecken eine hornförmige Verlängerung tragen. Accessoires? Eher nicht. Ausrangiert? Auf jeden Fall. Es handelt sich um die unnütz gewordenen Eihüllen von Rochen, an der Nordsee meist vom Nagelrochen (*Raja clavata*). Im Frühjahr legt das bis 60 cm lange Weibchen nach der Paarung täglich je eine von etwa 70–100 und anfangs noch gelblich-durchscheinenden Eikapseln am Boden ab. Die Entwicklung der Jungen dauert etwa 4–5 Monate. Sie schlüpfen, wenn der Dottervorrat in der Kapsel aufgebraucht ist und sie selbst eine Länge von ca. 12 cm erreicht haben.

Ordensband – Das steckt an keiner Garderobe

Wer einen hochrangigen Orden verliehen bekommt, darf als Zeichen dieser besonderen Würdigung am Revers seines Anzugs (oder bei den Damen an der jeweiligen Robe in durchaus unverfänglicher Nähe zum Ausschnitt) ein Ordensband tragen, das in unterschiedlicher Farbstreifung nach festgelegter Etikette den jeweiligen Orden anzeigt. Das Rote, Gelbe, Blaue oder Braune Ordensband werden sich jedoch kaum an menschliche Jacketts oder Blusen verirren. Sie sind nämlich allesamt Nachtschmetterlinge aus der großen Familie der Eulenfalter (*Noctuidae*). Während ihre Vorderflügel braungrau schattiert und ganz auf Tarnwirkung angelegt sind, tragen die dunklen Hinterflügel bunte Bänder, die eben an Ordensbänder erinnern und den Faltern den Namen gaben. Alle Arten sind übrigens leider recht selten geworden und Mitglieder der Roten Liste.

Papierboot – Immer schön in der Schwebe bleiben!

Bestimmt können Sie das auch noch: Mit wenigen Knicken lässt sich ein Blatt Papier zum Segelboot falten. Das Ding schwimmt sogar, wenn auch oft mit deutlicher Schlagseite. Gegen dieses simple nach Origamitechnik gefertigte Faltboot ist das im Mittelmeer vorkommende Papierboot

(*Argonauta argo*) ein wahres Kunstwerk. Hinter der papier-
dünnen, aber aus Kalk bestehenden Konstruktion steckt das
Weibchen eines achtarmigen Tintenfischs – es fertigt das bis
25 cm lange, elegant spiralig gewundene und einkammeri-
ge Tauchboot mit zwein seiner Arme. Diese Schale ist also
den Gehäusen der verwandten fossilen Ammoniten überhaupt nicht vergleichbar. In seinem Papierboot driftet das
Tier gemächlich durch das Mittelmeer – wie einst die Ar-
gonauten der griechischen Sage auf der vergeblichen Suche
nach dem Goldenen Vlies.

Die Männchen hingegen sind bei *Argonauta* nur etwa
zentimetergroß und schwimmen frei umher, und übrigens
ganz ohne eigenes Tauchboot. Die Begattung der ungleich
größeren Weibchen vollzieht sich gänzlich unromantisch,
aber dennoch spektakulär: Die Männchen beladen ihren
dritten linken Arm mit den Geschlechtszellen, trennen
ihn ab und schicken ihn im gemeinsamen Verbreitungsgebiet allein als „Cruise-Missile" zu einem Weibchen. In
dessen Mantelhöhle sammeln sich eventuell mehrere solcher Wurfsendungen. Früher hatte man deren biologische
Mission überhaupt nicht verstanden und sie anfangs sogar
als parasitische Würmer beschrieben.

Portugiesische Galeere – Unterwegs auf allen Meeren

Eine Einladung zur genüsslichen Kreuzfahrt verspricht die
Portugiesische Galeere (*Physalia physalis*) gewiss nicht. Im
Gegenteil – den Direktkontakt mit diesem merkwürdigen

Meerestier sollte man möglichst meiden, denn die Berührung seiner enorm stark nesselnden, bis über 20 m langen Fangfäden ist schmerzhaft wie ein Peitschenhieb. Außerdem kann das Nesselgift schon nach kurzer Zeit erhebliche Herzrhythmusstörungen hervorrufen.

Die bläulich-violette Portugiesische Galeere ist ein höchst ungewöhnliches Gebilde – nämlich eine driftende Kolonie zahlreicher Polypen, die für verschiedene Aufgaben wie Beutefang, Verdauung und Vermehrung spezialisiert sind – daher auch Staatenqualle genannt. So erinnern sie ein wenig an eine mit starker Besatzung ausgerüstete Rudergaleere. Die Polypenketten sind an einem bis etwa 20 cm langen, mützenförmigen und gasgefüllten Behälter aufgehängt, der über die Wasseroberfläche aufragt und als Segel dient. Man spricht daher auch von Segel- oder Staatsquallen. Die Portugiesische Galeere kommt als Oberflächenbewohner in allen Meeren vor. Zu Tausenden treiben die Kolonien vor dem Wind, fischen mit ihren Fangarmen das durchsegelte Gebiet nach Kleinstorganismen ab und finden aus dem offenen Atlantik durch den Ärmelkanal gelegentlich auch den Weg in die Nordsee. Entdeckt hat man die seltsamen Tierkolonien an der portugiesischen Küste. Segelquallen sind übrigens die Hauptnahrung der im Meer lebenden Lederschildkröten.

Posthörnchen – Diesmal kein Blasinstrument

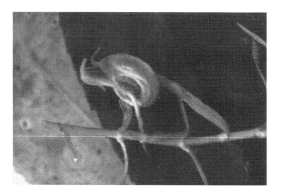

Als Paketpost und Passagiere noch mit Kutschen transportiert wurden, trugen die Postboten ein Posthorn mit sich, auf dem sie der nächsten Station ihre oft sehnsüchtig erwartete baldige Ankunft signalisierten. „Posthörnchen" sind nun keineswegs die verniedlichende Bezeichnung für das

Verständigungsgerät früherer Postboten, noch waren sie die kleinere Ausführung von Posthörnern für Lehrlinge. Posthörnchen heißen einige Süßwasserschnecken, weil deren gewundene Gehäuseform dem traditionellen und markanten Blechinstrument recht nahekommt, das lange Zeit als Symbol der Deutschen Post auf Briefkästen, Postwagen und Telefonhäuschen diente. Es gab auch einmal einen heute hochgeschätzten Briefmarkensatz mit diesem Emblem.

Posthörnchen gehören zur Familie der Tellerschnecken. In Europa leben vier Arten der Gattung *Gyraulus* in langsam fließenden und stehenden Gewässern, wobei das Chinesische und das Kleine Posthörnchen durch den Reisanbau in Südeuropa oder mit Wasserpflanzen bei uns eingeschleppt wurden. Und als ob die Posthörnchen mit 3–4 mm nicht schon klein genug wären, existiert das noch kleinere und zartere Zwergposthörnchen in pflanzenreichen Stillgewässern in sogar zwei „Ausgaben" (Formen). Während die eine Ausgabe eine glatte, glänzende Gehäuseoberfläche besitzt, ist die andere Form des Zwergposthörnchens mit Hautrippen und Randzacken ausgestattet. Wobei wir mit „Ausgabe" und „Randzacken" schon fast wieder bei Begriffen aus der Briefmarkenwelt unserer Post wären.

Den Namen Posthörnchen trägt zudem auch die im Meer verbreitete kleine Tintenfischverwandte *Spirula spirula* mit Schalendurchmessern bis 2,5 cm. Die Art ist im Mittelmeer und bis zur südlichen Biskaya verbreitet, wo sie schwebend in der Wassersäule zwischen 250 und 2000 m Wassertiefe vorkommt. Sie verfügt über ein kleines Leuchtorgan, das sie wahlweise an- und abschalten kann.

Und noch ein dritter Verwandtschaftskreis wird wegen seiner charakteristischen Form als Posthörnchen bezeichnet:

Es sind kleine, zu den Vielborstern gehörende Ringelwürmer (*Spirorbis spirorbis*), die sich aus Kalkabscheidungen auf größeren Tangen wie ein Posthorn aufgedrehte Wohnröhren von etwa 4 mm Durchmesser und rund 6 mm Länge bauen. Mit ihrer bewimperten Tentakelkrone erzeugen sie einen Wasserstrom und filtrieren verwertbare Nahrungspartikeln aus. Die Wohnröhre ist mit einem Deckel verschließbar – eine sinnvolle Einrichtung, denn *Spirorbis* bildet dichte Siedlungskolonien gerade auf den Großtangen der Gezeitenzone.

Tempelchen – Kleiner Sakralbau unter Wasser

An Klippen in geringer Tiefe im Mittelmeer und im angrenzenden Atlantik sind die 1,5–2 cm kleinen Tempelchen unterwegs. *Gibbula tanulum*, das Tempelchen, ist eine Kreiselschnecke, deren kegelförmiges Gehäuse mit treppenartig gewölbten Umgängen tatsächlich etwas an ein Tempelchen erinnert.

Totenuhr – Wie man Ticken missverstehen kann

Plötzlich wird die nächtliche Stille im häuslichen Krankenzimmer von einem eigenartigen Geräusch unterbrochen: Es hört sich an wie das laute Ticken einer Uhr, scheint aber aus dem Eichengebälk des alten Fachwerkhauses zu kommen.

Besonders Furchtsame sind überzeugt, es sei die Totenuhr mit ihrem unregelmäßigen Ticken, die als böses Vorzeichen auf einen baldigen Todesfall in der Familie hindeutet.

Die verdächtigen und naive Gemüter sicherlich auch ängstigenden Geräusche aus den alten eichenen Hausbalken stammen jedoch keineswegs von angeblichen Todesverkündern. Vielmehr machen die Geschlechter unseres größten Klopfkäfers, *Xestobium rufovillosum*, in den pilzbefallenen, modernen Eichenbalken mit diesen Geräuschen wechselseitig auf sich aufmerksam. Nach 5- bis 10-jähriger Larvenzeit, in der sie weitreichende Gänge in das Holz gefressen haben, und nach ihrer Puppenzeit schlagen jetzt die geschlüpften Klopfkäfer in rascher Folge mit der Vorderbrust an ihre Gangwände und erzeugen so das eigenartige Ticken. Aus 3–5 mm großen Fluglöchern kriechen sie schließlich ins Freie. Nach der Paarung legt das Weibchen bis zu 50 Eier. Die daraus geschlüpften Larven tauchen rasch in die Fluglöcher ab und fressen neue Gänge durch das Holz als ihre einzige Nahrungsquelle. Ohne die Hilfe symbiontischer Organismen könnten es die Klopfkäferlarven allerdings nicht verdauen. Zur Zersetzung der aufgenommenen Zellulose tragen Bakterien und Pilze bei, die in Säckchen an der Darmwand der Käferlarven angesiedelt sind und von Generation zu Generation übertragen werden. Die beste Vorbeugung vor nächtlicher „Ruhestörung" durch die „Totenuhr" ist trockenes, gesundes Holz, das durch diese Klopfkäferart wie auch den verwandten „Trotzkopf" nicht befallen wird.

Ungarnkappe – Eine Schnecke macht auf Folklore

Sie zählt zu den Hutschnecken (*Capulidae*), für die man gerne Vergleiche mit menschlichen Kopfbedeckungen heranzieht. Weil ihr Gehäuse frappierend an eine ungarische Kopfbedeckung erinnert, wurde sie folgerichtig Ungarnkappe (*Capulus hungaricus*) benannt. Allerdings ist die Ungarnkappe mit gerade einmal 5 cm Gehäusedurchmesser eher ein Käppchen. Kegelförmig reckt es sich nach oben, wobei die zentrale Spitze leicht spiralig nach hinten eingerollt ist. Die Gehäuseoberfläche zeigt ein bewegtes Relief von Radiärstreifen und konzentrischen Anwachsrippen. Außen weißlich gelb bis rosa und braun strahlt dagegen die innere Perlmuttschicht der Ungarnkappe ganz in Weiß. Ihr Lebensraum ist das Mittelmeer, der Atlantik und die Nordsee. Dort leben die Ungarnkappen auf Hartböden, oft auf leeren Muschelschalen, und ernähren sich von Kleinalgen und aus dem Wasser gefilterten Detritus. Während die Jungschnecken noch manchmal ihren Standort wechseln, „kleben" die Älteren an ihrem einmal gewählten Standort. Wenn sie sich auf den Schalenrändern größerer Muscheln festgesetzt haben, entnehmen sie ihre Nahrung praktischerweise dem von der Unterlage erzeugten Atemwasserstrom.

Und noch etwas an ihnen erinnert an echte Kappen: Die äußere Deckschicht (*Periostrakum*) ihrer Schale ist mit feinen Härchen besetzt, die sich wie ein Filzbelag anfühlen.

Zauberbuckel – Schönes aus dem Spülsaum

Selten findet sich eine versiegelte Flasche im Spülsaum einer Meeresküste, aber es kommt vor. Dass nach deren Öffnen jedoch keine aufschlussreiche Flaschenpost, sondern ein Wünsche erfüllender Zaubergeist herauskam, ist leider ohnehin nur Legende. Dagegen sind die 2–3 cm großen Zauberbuckel an den Spülsäumen von Mittelmeer, Atlantik und Ärmelkanal häufig zu finden und mindestens ebenso erbaulich. Es sind die kegeligen Gehäuse der zu den Kreiselschnecken gehörenden Spezies *Gibbula magus*. Bis zu acht treppenartig abgesetzte Umgänge, die jeweils durch eine tiefe Naht getrennt sind und oben runde Buckel tragen, zeichnen ein solches Zauberbuckelgehäuse aus. Über die gelblich-weiße Grundfärbung des Schneckengehäuses ziehen sich rote, strahlige Streifen und Flammen. Oft noch mit roten Krustenalgen überzogen, sehen Zauberbuckel zumindest zauberhaft aus.

Die Tiere sind – für Schnecken durchaus ungewöhnlich – getrenntgeschlechtlich. Die im Wasser befruchteten Eier werden passiv von der Strömung verdriftet, bis nach etwa einem Tag eine kleine Schwimmlarve ausschlüpft, die sich rasch entwickelt und schon bald zum Bodenleben übergeht.

5
Die führen nun vollends in die Irre

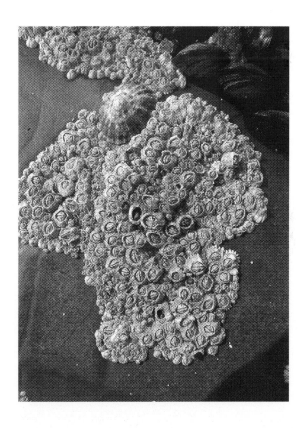

© Springer-Verlag Berlin Heidelberg 2016
B. P. Kremer und K. Richarz, *Was alles hinter Namen steckt*,
DOI 10.1007/978-3-662-49570-4_5

Verwirrung garantiert

Die Begriffswahl für die Benennung häufigerer oder auch seltener heimischer Organismenarten geht selbst im wissenschaftlichen Sprachgebrauch nicht unbedingt nach ganz rationalen Kriterien vor. Während beim „Dreckspatz" noch allerhand (eventuell missverstandene) Konnotationen beteiligt sind, kann sich der durchschnittliche muttersprachlich deutschsprachige Mitteleuropäer unter Bücherskorpion, Gänsesäger, Kapschaf oder Lilienhähnchen nun wirklich gar nichts mehr vorstellen. Für Menschen, die Deutsch als Zweit- oder irgendeine Zusatzsprache erlernen, setzt in solchen Fällen das Verständnis erst recht total aus. Das ergeht sprachtrainierten genuin Deutschsprachigen übrigens umgekehrt genauso: Man kann zwar *tilleul* (französisch), *tiglo* (italienisch) oder *lime* (englisch) für die Baumgattung Linde (*Tilia*) vokabelmäßig lernen und beherrschen, aber bei Sonderbildungen von Artbezeichnungen wie Gänsesäger, Gryllteiste, Mondvogel oder Lilienhähnchen setzen das Verständnis und die Kenntnis eben weitgehend aus.

Interessant sind die zunächst nicht zu entschlüsselnden Artnamen dennoch.

Alpenstrandläufer – Alpen? Hier ist er nie zu sehen!

Er heißt zwar *Calidris alpina*, der starengroße, kleine Kerl aus der großen Familie der Schnepfenvögel. Nach der Brutzeit versammelt er sich mit seinen Artgenossen zu Hunderttausenden im Wattenmeer. Dort mausern sie und stochern im Wattboden und Schlick nach Würmern, Schnecken, Muscheln und Krebschen. Erwachsene Alpenstrandläufer sind im Schlichtkleid oberseits braungrau, unterseits weiß mit feinen grauen Bruststrichen gefärbt. Im Prachtkleid tragen sie eine rostbraune Oberseite und einen schwarzen Brustfleck zur Zier. Häufig können die spätsommerlichen und herbstlichen Wattenmeertouristen an der Nordsee riesige Wolken von Alpenstrandläufertrupps bei ihren rasanten, wendigen Flugmanövern beobachten, begleitet von ihren gepressten „trrü"-Rufen. Grönland, Island, die Britischen Inseln, das nördliche Eurasien sowie Kanada und Alaska sind ihre Brutheimat. Dort brüten die Alpenstrandläufer paarweise in Bodennestern aus, um die nestflüchtenden Jungen in einem wahren Insektenparadies durch den kurzen, nordischen Sommer zu begleiten. Die Zugvögel lernen so im Wechsel das Wattenmeer und ihre Brutgebiete in Feuchtwiesen, Mooren und Tundren kennen, die vom nordischen Flachland bis in höhere Lagen reichen. Nur die Alpen sieht die Spezies *Calidris alpina* nie. Carl von Linné ist der Namensgeber. Nicht etwa, dass der „alte Schwede" sich tiergeografisch heftig geirrt hätte. Vielmehr verwendete der bedeutende Systematiker das Wort „Alpen" als Synonym für „hohe Gebirge". Linnés Beschreibung des Alpenstrandläufers bezog sich auf ein Vorkommen in Lappland und hier eben in den „Lappländischen Alpen". Damit teilt *Calidris alpina* den Artnamen mit der Ohrenlerche *Ermophila alpestris*. Die „Freundin der Einöde", so die Übersetzung der griechischen Worte *eremos* = Einöde und *phile* = Freundin, liebt, wie der Alpenstrandläufer, die nordischen Tundren und Gebirge oberhalb der Baumgrenze.

Ameisenjungfer – Grazil und gar nicht jüngferlich

Oberflächlich erinnert die äußerst grazile Ameisenjungfer mit ihren glasartig durchsichtigen Flügeln an eine Libelle. Tatsächlich gehört die Verwandte der Florfliege aber zu den Netzflüglern. Eine der Ameisenjungferarten heißt wegen ihres libellenähnlichen Aussehens sogar *Palpores libelluloides*,

Libellenähnliche Ameisenjungfer. In den warmen Sommermonaten fliegen Ameisenjungfern auf der Jagd nach Insekten an sonnigen Wald- und Wegrändern, am Rand von Sandgruben oder in trockenen, lichten Wäldern und steppenartigem Gelände. Man sieht sie aber nur selten, weil sie erst gegen Abend munter werden und tagsüber gut getarnt mit ihren durchsichtigen Flügeln und dem düster gefärbten Leib in der Vegetation sitzen. Ihr Name Jungfer bezieht sich wohl auf ihre scheinbare Zerbrechlichkeit. Gar nicht jüngferlich legen die Ameisenjungferweibchen ihre befruchteten Eier an sandigen Plätzen ab. Die daraus schlüpfenden Larven haben so interessante Verhaltensweisen entwickelt, dass man ihnen einen eigenen Namen gab, nämlich Ameisenlöwe.

Ameisenlöwe – Löwenjagd im Sandtrichter

Afrikanische Löwen jagen gesellig ihre Beute im berühmtesten Trichter Afrikas, dem Ngorongorokrater in Tansania. Unsere „Löwen" tun das in Einzeltrichtern manchmal direkt um die Hausecke. Das „Löwenjagdverhalten" des im Gegensatz zu seinen grazilen Eltern, den Ameisenjungfern, äußerst bulligen Ameisenlöwen faszinierte die Naturforscher zu allen Zeiten. So widmete Rösel von Rosenhof bereits 1755 in seiner „Insektenbelustigung" dem Ameisenlöwen und seinem Verhalten eine bemerkenswert exakte Beschreibung mit detaillierten Zeichnungen. Tauchen wir ein in das Jagdrevier des Ameisenlöwen, das bereits in der trockenen Sandzone entlang der Sonnenseite unseres Hauses liegen kann. Dort fallen uns zunächst nur die vielen kleinen Trichter im sandigen Boden auf, die aussehen, als wären sie beim Murmelwerfen der Kinder entstanden. Wenn aber eine Ameisenschar an den Trichtern vorbeimarschiert und eines der Tiere einem der Kraterränder so nahe kommt, dass etwas herunterrieselt, wird der Trichtergrund wie auf ein Signal hin plötzlich äußerst lebendig. Wie aus einer Pistole geschossen, fliegen Sandfontänen gegen die Ameise nach oben. Nach kurzem Trudeln schlittert sie und gerät, weiter unter schwerem Beschuss, kraterabwärts. Unten angekommen, wird sie von den kräftigen Kieferzangen des etwa 1 cm großen Ameisenlöwen gepackt. Durch die hohlen Kieferklauen injiziert er jetzt ein lähmendes Gift, um die Ameise, aber auch größere Beutetiere, zu töten und anschließend auszusaugen. Wie zuvor den Sand schleudert der Ameisenlöwe am Ende seines Mahls noch die leere Hülle der Beute aus seinem Fangtrichter. Am Ende seiner meist zweijährigen Entwicklung spinnt er sich einen kugeligen, außen dick mit Sandkörnern belegten Kokon.

Darin verpuppt sich der „Löwe" im Winter, um als grazile Ameisenjungfer durch den nächsten Sommer zu fliegen.

Beutelteufel – In vielen Sprachen diabolisch

Tasmanian devil, *native devil* oder *sarcophile satanique* wird er genannt, der gut waschbärgroße Raubbeutler von der großen Insel Tasmanien. In der Abgeschiedenheit vor dem australischen Kontinent konnten *Sarcophilus harrisii* und seine Mitbeuteltiere ohne „Einmischung" von höheren Säugetieren in unterschiedliche Rollen hineinwachsen. Dabei übernahm *Sarcophilus*, wörtlich der Fleischfreund, die Hyänenrolle. Der Artnamenzusatz bezieht sich auf seinen Erstbeschreiber G. P. Harris. Tagsüber schläft der Einzelgänger in einem Versteck, um erst mit beginnender Dämmerung auf Nahrungssuche zu gehen. Sowohl der etwas schleppende Galopp wie der breite Kopf und das mächtige Gebiss des Beutelteufels erinnern dabei an die afrikanisch-asiatischen Hyänen. Ziel seiner nächtlichen Streifzüge sind die Kadaver verendeter oder getöteter Warmblüter, die er als „Gesundheitspolizist" beseitigt. Seine Raubzüge führen ihn aber auch in die Geflügel- und Schafhaltungen. Von Insekten bis zu halbwüchsigen Schafen reicht sein Spektrum an lebender Beute, die er überwältigen kann. Wenn er im schwarzen Fell, nur wenig weiß gefleckt, „Ernte" unter Farmtieren hält, oder sich mit Artgenossen lautstark und bissig um die Beute streitet, erscheint es nicht verwunderlich, dass man in ihm den „native devil", eben einen heimischen Teufel sah. Ihre Bissigkeit wird den Beutelteufeln neuerdings zum Verhängnis. Seit den 1990er-Jahren sind die Bestände von einer Krankheit befallen und schon um 85 % zurückgegangen. Die heimtückische Erkrankung wird im Englischen als *Devil Facial Tumour Disease* (DFTD) bezeichnet, was etwa mit „Beutelteufeltypische Gesichtskrebserkrankung" übersetzt werden kann. Der Erreger der DFTD ist ein infektiöser Tumor. Als Ursache für die rasche Ausbreitung wird die geringe genetische Vielfalt der Beutelteufelgesamtpopulation und damit das Fehlen variabler Immunreaktionen angesehen. Es wäre schade, wenn nach dem Beutelwolf nun auch das zweitgrößte Raubtier unter den Beuteltieren von unserer Erde verschwände.

Bienenfresser – Besonders bunter Kleintierjäger

Wenn wir ihn steckbrieflich suchen müssten, wäre für den Bienenfresser folgende Beschreibung angebracht: Etwa amselgroß, aber viel schlanker; langer, abwärts gebogener Schnabel; auffällig buntes Gefieder; bei erwachsenen Tieren Oberkopf und Rücken kräftig kastanienbraun, zum Bürzel hin gelb, Kinn und Kehle leuchtend gelb, durch schwarzes Band von grünlich blauer Unterseite abgesetzt; mittlere Schwanzfedern bei den Altvögeln verlängert.

Bienenfresser halten sich in warmen Gegenden mit offenem Gelände, blumen- und insektenreichen Trockenrasen, Wiesen und Weiden auf. Der Langstreckenzieher mit Winterquartier in Afrika kommt bei uns gelegentlich in alten Sandgruben vor. In den letzten Jahren hat er seine sommerlichen Brutreviere deutlich nach Norden verlagert. Unterdessen ist er bereits im westlichen Rheinland in aufgelassenen Braunkohlengruben zu finden.

Wer zu den Buntesten und optisch Auffälligsten in der europäischen Vogelwelt zählt, sollte eigentlich nach diesen auffälligen Merkmalen benannt sein. Doch eine andere Fähigkeit dieses Vogels beeindruckte die Menschen wohl so sehr, dass sie ihn Bienenfresser (*Merops apiaster*) nannten. Wobei sein wissenschaftlicher Name sogar zweimal diese „hervorstechende" Eigenschaft umschreibt. *Merops* heißt auf Griechisch ebenso Bienenfresser wie *apiaster* auf Lateinisch. Der „Bienenfresser bienenfresser" lebt tatsächlich ausschließlich von mittelgroßen bis großen Fluginsekten, hauptsächlich von Bienen und Wespen, fängt aber auch Heuschrecken, Käfer, Schmetterlinge und Libellen. Hautflügler, die mit einem Giftstachel bewehrt sind, packt der Bienenfresser meist in der Körpermitte und fliegt auf einen Zweig, um die Beute mehrfach dagegen zu schlagen. Zur Entgiftung des Stachelapparates wird das Hinterleibende des betäubten Insekts anschließend mehrfach auf der Zweigunterlage hin und her gewetzt. Diese Entgiftungsaktion reicht dem Bienenfresser, egal ob er das Insekt anschließend selbst verspeist oder an seine Jungen verfüttert. Obwohl die Vögel gegen das Hautflüglergift nicht völlig immun sind, scheinen ihnen einige Giftstiche wenig auszumachen. Conrad Gesner (1516–1565) nannte den Bienenfresser 1555 in seinem berühmten Vogelbuch nach einem neapolitanischen Dialektwort *lupo de l'api*, *Imbenwolff* (= Immenwolf oder Bienwolf) – auch eine schöne Bezeichnung für einen hübschen Vogel mit hervorstechendem Können.

Bienenwolf – Ein Wolf im Schafspelz

Bedauerlicherweise sollte es ihr letzter Blütenbesuch werden. Dabei hatte der heiße Sommertag so vielversprechend begonnen. Schnell fand die Honigbiene das ergiebige Blütenfeld, von dem ihr die zuvor in den Bienenstock zurückgekehrte Kollegin mit ihrer ausdrucksstarken Tanzvorführung berichtet hatte. Während unsere Blütenbesucherin nun noch tief im Blütenkelch abgetaucht vom Nektar nascht, ist sie längst ins Visier eines anderen Fluginsekts geraten. Der Bienenwolf (*Philanthus triangulum*) aus der Familie der Grabwespen, kenntlich an seiner typisch gelbschwarzen Wespentracht, dem großen Kopf und den mittig verdickten Fühlern, ist ein hoch spezialisierter Bienenjäger, obwohl sein Gattungsname übersetzt „Blumenfreund" bedeutet. Sein scharfes Auge und sein sicherer Geruchssinn leiten ihn zum noch ahnungslosen Opfer. Schnell nimmt er über den Blüten rüttelnd die Beute wahr. Angezogen von ihrem typischen Nektarduft, stürzt sich der Jäger blitzschnell auf die Biene in der Blüte, die zwar schnell, aber vergeblich versucht, ihren Giftstachel gegen den Angreifer aus der Luft einzusetzen. Doch der rutscht am glatten Panzer des Bienenwolfs mehrfach ab. Trudelnd stürzen beide aus der Blüte zu Boden. Noch im Fallen versetzt der Wolf seiner Beute einen giftigen Stich, der die Biene betäubt. Auf dem Boden angekommen, drückt er der Biene den Hinterleib zusammen und presst dabei den süßen Mageninhalt aus dem Bienenrüssel heraus. Auf den hat er es nämlich abgesehen. Nach seiner Verköstigung transportiert der Wolf, der eigentlich eine Wölfin ist, die Beute im Flug zum Nest. Das einzeln lebende Bienenwolfweibchen schlüpft etwa Mitte Juni. Zur Fortpflanzung hatte es sich in einer Steilwand eine rund 1 m tiefe Röhre gegraben, die in meist sechs Kammern endet. Dort hinein schafft es jetzt seine Beute. Jede der Kammern füllt das Weibchen in den nächsten Tagen mit drei bis vier erbeuteten Honigbienen. Wenn alle Bienen eingetragen sind, legt das Bienenwolfweibchen jeweils ein Ei darauf. Für weiblichen Nachwuchs müssen die Fleischvorräte um einige Bienen höher ausfallen als für die Ernährung der zukünftigen männlichen Bienenwölfe. In jedem Fall handelt es sich aber bei der eingetragenen Bienenbeute um Frischfleisch. Schließlich wurden die Opfer nicht getötet, sondern vom Bienenwolf nur betäubt. So können sich die weißlichen, madenförmigen Bienenwolflarven bis zu ihrer Verpuppung von frischer, unverdorbener Ware ernähren, um nach einem Jahr Entwicklungszeit selbst zu jagenden Bienenwölfen zu werden.

Neben dem Bienenwolf aus der Grabwespensippe gibt es noch eine Käferart aus der Familie der Buntkäfer (*Cleridae*), die ebenfalls unter dem Namen „Bienenwolf" bekannt ist, was immer wieder zu Verwechslungen mit der gleich benannten Grabwespenart führt. Diesem „Bienenwolf" (*Trichodes aparius*), auch als Gewöhnlicher Buntkäfer bezeichnet, kommt eher die Rolle eines „Wolfs im Schafspelz" zu. Seine Weibchen legen nämlich die Eier in die Nester von Wild- und Honigbienen. Die geschlüpften rosa Larven ernähren sich dort bis zu ihrer Verpuppung von Bienenlarven und -puppen, ohne dem Bienenvolk meist wirklich zu schaden. Mit der metallisch rotblauen Zeichnung auf Flügeldecken und Körper zählt dieser 10–16 mm große Bienenwolf zu unseren attraktivsten heimischen Käferarten. An warmen, sonnigen Orten kann man den Buntkäfer-Bienenwolf auf den Blütenständen der verschiedenen Doldenblütengewächse finden. Dort ernährt er sich von Blütenpollen oder fängt kleinere Insekten, ohne sich an Blüten besuchenden Bienen, ganz anders als sein Namensvetter, jemals zu vergreifen.

Blaubock – Mit Apfelwein so gar nichts gemein

Einige Hessen, besonders etwas ältere, würden bei „Blaubock" an die Kultsendung „Zum Blauen Bock" denken, in der über Jahre das Frankfurter Nationalgetränk Apfelwein von den Moderatoren Lia Wöhr und Heinz Schenk mit Musik und Sketchen zelebriert wurde. Wenn wir diesen TV-Apfelweingarten verlassen und uns im Tierreich umsehen, ist der Name Blaubock gleich mehrfach vergeben. Einer der Namensträger ist *Gaurotes virginea*, ein gut 1 cm kleiner Käfer aus der Familie der Bockkäfer, die ihren Familiennamen wegen ihren langen, immer leicht nach außen gekrümmten, an Bockshörner erinnernden Fühler bekommen haben. Der Blaubock unter ihnen trägt zum roten Halsschild grün oder blau metallisch schillernde Flügeldecken. An Waldrändern im süd- und mitteldeutschen Bergland kann man das „Blauböckchen" von Mai bis August häufig finden.

Ein „Blauböckchen" existiert auch noch in größerer Ausführung. In den Tieflandwäldern Nigerias und Gabuns bis weiter östlich in Kenia und südlich in Südafrika huscht eine 55–72 cm große und 46 kg schwere Kleinantilope in bläulichem Fell herum. Das Blauböckchen (*Cephalophus monticola*) ist ein Vertreter der Gattung Ducker, die ihren wissenschaftlichen Gattungsnamen wegen eines Büschels langer Haare tragen, der ihnen zwischen den kurzen Hörnern wächst. Schließlich heißt eine früher in Südafrika vorkommende Großantilopenart auch noch so. Der schöne, zu den Pferdeantilopen zählende Blaubock (*Hippotragus leucophaeus*) wurde jedoch von den frühen Kolonisten am Kap als lästiger Konkurrent für ihr Vieh betrachtet und so nachhaltig verfolgt, das die Antilope mit dem bläulichen Fell bereits um 1900 ausgerottet war. Als Erster berichtete

1719 Peter Kolb, späterer Magister in Neustadt/Aisch, von seiner Begegnung mit dem Blaubock bei Kapstadt, den er als *Capra coerulea*, einen „blauen Bock", vorstellte. Womit wir fast wieder bei der Apfelweinsendung wären.

Blindschleiche – Nicht blind, aber blendend

Immer noch werden Blindschleichen mit Schlangen verwechselt und nicht selten aus völlig unbegründeter Furcht vor diesen zertreten oder erschlagen. Dabei gehört das beinlose Reptil gar nicht zu den Schlangen, sondern ist mit den Eidechsen verwandt. Reste von Schulter- und Beckengürtel am Skelett der Blindschleiche zeugen noch von ihrer ehemaligen Vierfüßigkeit. Auch kann sie wie ihre nähere Verwandtschaft die Augen öffnen und schließen. Blindschleichen verfügen weder über den starren Schlangenblick noch schlängeln sie sich elegant durch ihr Reich. Ihr wissenschaftlicher Name *Angius fragilis* bedeutet „zerbrechliche Schleiche" und spielt auf eine Fähigkeit an, die sie mit der Eidechsenverwandtschaft teilt: Beim Zugriff eines Räubers lässt die Blindschleiche einfach ihren zappelnden Schwanz als Ablenkungsmanöver zurück und kann sich in der so gewonnenen Zeit vor dem verblüfften Verfolger in Sicherheit bringen. Wie alle anderen Amphibien und Reptilien sind Blindschleichen wechselwarm und müssen „erstarren", wenn die Umgebungstemperaturen unter bestimmte Werte sinken. An schlechten Tagen und im Winter helfen nur Verstecke und das Warten auf besseres, nämlich wärmeres Wetter. Wo feuchter Mulm, Rindenstücke, verrottete Baumstämme und Erdlöcher als Tagesverstecke und Überwinterungsplätze vorhanden sind, fühlen sich Blindschleichen überaus wohl. Dort schleichen sie bedächtig ihrer Beute, etwa langsamen Regenwürmern, Nacktschnecken oder noch nachtklammen Insekten, hinterher. Der Name Blindschleiche leitet sich von ihrem althochdeutschen Namen „plintschlicho" ab, der „blendende Schleiche" bedeutet und auf ihre wunderschön glänzende, bleigrau-, kupfer- oder bronzefarbene Haut anspielt. Blind ist sie keineswegs, diese blendende Schleiche, die uns sogar anblinzeln könnte.

Bücherskorpion – Emsiger Jäger im Blätterwald

Wer biblioman betont gerne in alten Büchern blättert, stößt darin manchmal auf ein ganz außergewöhnliches, kleines Wesen, den Bücherskorpion (*Chelifer cancroides*). Wenn die Bücher oder Papierstapel feucht gelegen haben, ist dieses Erlebnis der besonderen Art sogar am wahrscheinlichsten. Zu den After- bzw. Pseudoskorpionen zählend, einer isolierten Ordnung recht kleiner Spinnentiere, hält die Ähnlichkeit des Bücherskorpions mit den echten Skorpionen allerdings nur einer oberflächlichen Betrachtung stand. Klein und flach gedrückt, nur wenige Millimeter „groß", bewegt er sich als Skorpion im Blätterwald auf den dritten und vierten Gliedmaßenpaaren als Laufbeine, vorwärts ebenso geschickt wie rückwärts. Im Gegensatz zu den Sinnesorganen, die auf Berührungsreize ansprechen, sind bei allen Pseudoskorpionarten die Augen nur schwach entwickelt oder fehlen gänzlich. Der längs ovale Hinterkörper ist hinten zugerundet. Ihm fehlt der skorpiontypische Schwanz mit Giftstachel. Das Auffälligste an unserem Bücherskorpion sind zwei gewaltige Scheren, die von den beiden äußeren Gliedern seines Unterkiefers gebildet werden. Dieses Scherenpaar setzen Bücherskorpione nun keineswegs nur zum Fühlen ein. In ihrem Mikrokosmos sind sie mächtige Räuber, die jede erreichbare Beute jagen. Und das sind in der kleinen Welt zwischen den Buchdeckeln Milben, Springschwänze, Staub- und Bücherläuse. Mit den Giftdrüsen in den Spitzen der Scherenklauen wird selbst eine größere Beute blitzschnell getötet. Wenn uns über die Seiten alter Folianten einer dieser Miniräuber entgegenhuscht, besteht trotz seiner Giftigkeit kein Grund zur Besorgnis. Schließlich ist der Bücherskorpion viel zu winzig, um die Haut von uns Riesen für eine Giftattacke durchbeißen zu können – das Bild unten zeigt ihn neben der Seitenzahl einer Buchseite. Andere Pseudoskorpionarten leben übrigens in Abfallhaufen und ernähren sich dort von den zahlreichen Fliegeneiern und kleinen Larven. Wenn sie eine fertige Fliege fangen, dann saugen sie diese nicht genüsslich aus, sondern nutzen sie als sicheres Taxi zum nächsten Abfallhaufen mit hoffentlich noch mehr Fliegeneiern und Larven.

Neben ihrer äußerlichen Ähnlichkeit stehen Bücherskorpione und ihre Verwandten den Skorpionvorbildern begattungstechnisch allerdings recht nahe. Wie bei diesen setzen die Männchen ein gestieltes Samenpaket ab, das vom Weibchen aufgenommen wird. Der eigentlichen Samenübertragung geht ein Paarungsritual voraus, bei dem, je nach Art, das Männchen die Partnerin mit den Scheren zum „Scherentanz" anfasst. Bei anderen Arten, so auch beim Bücherskorpion, stehen sich die Partner zwar tanzend gegenüber, aber ohne sich dabei mit den Scheren festzuhalten. Wer kommt schon beim Anblick eines alten Buches auf die Idee, dass darin vielleicht gerade ein Killer unterwegs ist oder ein Hochzeitstanz stattfindet, selbst wenn es sich um ein bedeutendes Genrewerk handeln sollte!

Feuersalamander – Verhängnisvolle Äußerlichkeit

Um den schwarz glänzenden, echsenartigen Feuersalamander (*Salamandra salamandra*) mit seiner dottergelb bis orangerot gefleckten Haut ranken sich seit alters her zahllose Gerüchte. So schreibt Plinius vor fast 2000 Jahren in seiner aus 37 Bänden bestehenden „Naturalis historia", der ältesten, vollständig überlieferten systematischen Enzyklopädie: „Der Salamander, ein Tier von Echsengestalt und sternartig gezeichnet, lässt sich bei starkem Regen sehen. Er ist so kalt, dass er wie Eis durch bloße Berührung Feuer auslöscht". So weit, so gut. Doch der römische Gelehrte, mit vollem Namen Gaius Plinius Secundus Maior, kurz aber Plinius der Ältere genannt (geboren 23 oder 24 n. Chr. in Novum Comum, dem heutigen Como, und mit 55 Jahren beim Ausbruch des Vesuvs verstorben), fabuliert dann aber unbekümmert weiter: „Wenn er (der Salamander) auf einen Baum kriecht, vergiftet er alle Früchte, wer davon genießt, stirbt vor Frost."

Richtig ist, dass der Feuersalamander wie die Kröten über Giftdrüsen verfügt. Sie sind bei ihm als auffällige Ohrdrüsen und Drüsenleisten entlang des Rückens angelegt. Das daraus abgesonderte Gift dient der Abwehr von Fressfeinden und schützt gleichzeitig die eigene Haut vor Pilz- und bakteriellen Infektionen. Auf unsere Augenschleimhäute gebracht, brennen diese Amphibiengifte fürchterlich. Körperlich feucht und kalt und gleichzeitig brennend heiß durch sein Gift, musste der wechselwarme Feuersalamander früher vielfach und furchtbar für den unfassbaren Aberglauben der Menschen büßen. Bis ins Mittelalter hinein verband man zahlreiche mystische Bräuche mit ihm. So schreibt Alfred Brehm in seinem Tierleben (2. Auflage 1878): „Ebenso wurde das Thier bei Feuersbrünsten zum Märtyrer des Wahnes: man warf es in die Flammen, vermeinend, dadurch dem Unheile zu begegnen". Der Feuersalamander – bedauerlicherweise ein missbrauchter Feuerlöscher und wirklich ein armes Tier.

Gänsesäger – Er zersägt nun wirklich keine Gänse

Viele kennen und schätzen sie – nämlich Grillhähnchen, -enten und gelegentlich auch so bezeichnete -gänse, die in mobilen Brätereien vom Verkäufer mit einem elektrischen Messer in die gewünschten Portionen zerteilt

werden. Dieser Vogelbrater und -zerteiler ist mit dem Begriff „Gänsesäger" sicherlich nicht gemeint. Der Gänsesäger ist vielmehr ein Vertreter aus der großen Entenfamilie, dessen Besonderheit fein gesägte Schnabelkanten sowie ein scharfer Haken an der Schnabelspitze sind. Während die meisten Entenarten vorwiegend Pflanzenteile, aber auch Insektenlarven, Muscheln oder Kleinkrebse verzehren, sind der Gänsesäger und seine beiden europäischen Verwandten Mittel- und Zwergsäger mit einem Schnabel wie eine Säge bestens für den Fischfang gerüstet. Einzeln oder in Gruppen umherschwimmend, spähen Gänsesäger mit eingetauchtem Kopf nach bis zu 10 cm großen Fischen, die sie dann tauchend erjagen. Daher auch der passende wissenschaftliche Name *Mergus merganser*, der so viel wie „tauchende Gans" (lateinisch *mergere* = tauchen und *anser* = Gans) bedeutet. Der von seiner Größe zwischen dem brandgansgroßen Gänsesäger und dem kleinen Zwergsäger stehende Mittelsäger (*Mergus serrator*) trägt den Säger im Namen (lateinisch *serrator* = Säger). Aus der Reihe jagt dagegen der Zwergsäger (*Mergus albellus*) zumindest während der Brutzeit. Wasserinsekten, Kleinkrebse, Muscheln und andere Wirbellose sind dann die Hauptbeute des Minisägers. Erst im Winterhalbjahr geraten mehr Fische zwischen seinen Sägeschnabel, der beim Tauchen die Flügel in den Flügeltaschen belässt. Säger erbrüten ihre Jungen wie die Schellente in Baumhöhlen. Bevor die flugunfähigen Küken mit ihrer Mutter das Hauptelement Wasser erreichen, steht ihnen als „Mutprobe" noch ein Sprung aus oft beträchtlicher Höhe bevor. Den überleben die federleichten Daunenbällchen aber immer ohne Schaden.

Glucken – Sie beglucken so gar nicht(s)

Das Bild der fürsorglichen Hühnermutter, die ihren Nachwuchs unter ihrem aufgeplusterten Gefieder schützt, ist so eindringlich, dass wir übertriebenes menschliches Bemuttern der eigenen F_1-Generation gerne als Gluckenverhalten bezeichnen. Auch eine ganze Schmetterlingsfamilie trägt in Assoziation an das Brutpflegeverhalten der Hühner den Namen Glucken. Zu dieser Falterfamilie zählen kleine, aber auch recht große, kräftig gebaute Arten mit wenig auffälliger Färbung. Weltweit kennt man 1200 Gluckenarten, wobei in Mitteleuropa nur 20 dieser auch Wollraupenschwärmer (*Lasiocampidae*) genannten Falter vorkommen. Ihre Bezeichnung „Glucken" bezieht sich auf die Flügelhaltung der vorwiegend nachtaktiven Falter. Wenn sie am Tage mit steil dachförmig gehaltenen Flügeln ruhen, erinnern die sitzenden Weibchen der größeren Arten tatsächlich an fürsorgliche Hühnerglucken, die mit aufgeplustertem Gefieder und gespreizten Flügeln ihre Küken schützen. Natürlich findet sich unter den Flügeln der Gluckenfalter nie ein Nachwuchs. Der ist als Raupe dicht behaart, lebt oft in Gespinstnestern mit den Geschwistern zusammen und verwandelt sich in dichten Gespinsten oder tonnenförmigen Kokons („Wollraupenspinner", wobei „Wolle" auf die Raupenbehaarung, „Spinner" auf die Gespinstbildung Bezug nimmt) zu plumpen Mumienpuppen. Die Haare der Gluckenraupen sind übrigens nicht ganz ohne: Bei Berührung können sie empfindlich nesseln und sogar Hautentzündungen hervorrufen.

In den heimischen Artenkonsortien kommen weitere Glucken vor, die allerdings nicht zu den Schmetterlingen gehören: Krause Glucke (*Sparassis crispa*) heißt auch ein Pilz, der in seinem Aussehen eher an einen zerrupften Badeschwamm erinnert, aber durchaus die Größe eines seine Küken beschützenden Haushuhns erreicht und zudem auch die weißliche bis ockerbräunliche Färbung mancher Haushuhnrassen bzw. -farbschläge aufweist. Der Aufenthaltsort ist allerdings für Haushühner eher ungewöhnlich: Die *Sparassis*-Arten sitzen immer an der Basis von Nadelbäumen und meist an Waldkiefern. Sie gelten als hervorragende Speisepilze, wenngleich die Forstleute sie als Erreger der Braunfäule nicht besonders gerne sehen.

Goldene Acht – Ein Gelbling unter den Weißlingen

Der Kohlweißling ist sicher der bekannteste Vertreter seiner Schmetterlingsfamilie. Aber schon der ebenfalls zu den Weißlingen gehörende gelbe Zitronenfalter ist eindeutig ein Abweichler vom üblichen Farbcode der Familie. Das gilt auch für die Goldene Acht (*Colias hyale*), ein verbreiteter Wiesenfalter mit sattgelben Vorder-, Hinter-, Ober- und Unterflügeln. Die Namen gebende Ziffer findet sich als goldorange abgesetzter Doppelring auf den Hinterflügeln und ist beidseitig erkennbar. Beim etwas blasseren Weibchen zeichnet sie sich etwas deutlicher ab als beim besonders farbintensiven Männchen. Nahezu identisch ist die Bezifferung der nahe verwandten Verwechslungsart *Colias alfacariensis*, die nicht einmal Fachleute ohne längeres Grübeln sicher unterscheiden können.

Allein mit den auffälligen Flügelmarken der europäischen Schmetterlinge bekommt man übrigens einen größeren Teil des Alphabets und der Ziffern 0 bis 9 zusammen. Der C-Falter (*Polygonia c-album*) – das C liegt auf der Unterseite der Hinterflügel – und die Gammaeule (*Autographa gamma*) mit einem grellweißen Y auf der braungrauen Vorderflügelmitte sind bekannte Beispiele.

Grasmücke – Vom Schlüpfer zur Mücke

Biologische Laien denken wohl beim Namen „Grasmücke"
eher an ein mückenähnliches Insekt, das sich bevorzugt im
Gras oder über Wiesen aufhält. Weit gefehlt, wie Natur-
und Vogelfreunde wissen! Eine ganze Singvogelgattung,
die der Grasmücken (*Sylvia*), wird so benannt. Sie gehören
zur Familie der Zweigsänger, sind alle recht klein oder gut
sperlingsgroß und ernähren sich von Insekten. Wer jetzt
meint, dass sich diese Vögelchen meist im Gras tummeln,
liegt immer noch daneben. Bevorzugter Aufenthaltsort von
Grasmücken ist dichtes, dorniges Gestrüpp oder das Geäst
der Waldbäume. Erst die Suche nach der wortgeschichtli-
chen Herkunft ihres Namens bringt etwas Klärung in das
Grasmückennamensdickicht. Vom 11. Jahrhundert an und
in den folgenden 300 Jahren nannte man sie „grasimug-

ga" oder „grasmucka", wobei der zweite Wortbestandteil „smucka" wohl als Ableitung von „smuken" = Schlüpfen zu verstehen ist. Mit „Schlüpfer" sind die Dickichtliebhaber tatsächlich gut charakterisiert. Ob das im Namen Gra-smucke noch verbleibende „Gra" als „Grau" zu interpretieren ist, oder man die Vögel einfach im sinnbildlich dichten Gras „schlüpfen" ließ, bleibt unter Namensexperten weiterhin strittig. Wenn wir uns die Artnamen der heimischen oder europäischen Grasmücken anschauen, machen alle einen Sinn: Die Mönchsgrasmücke erinnert mit schwarzer (Männchen) oder brauner (Weibchen) Kopfzier an Mönche, die Dorngrasmücke ist eine Liebhaberin von Dorngebüsch, die Klappergrasmücke trägt einen klappernden Gesang vor, die Sperbergrasmücke sieht unterseits aus wie ein Mini-Sperber, und die Brillengrasmücke trägt einen schmalen, weißen Augenring, um nur einige zu nennen. Nur die Gartengrasmücke tanzt etwas aus der Reihe. Sie kommt zwar auch in verwilderten Gärten vor, „smukt" aber viel häufiger durch das Unterholz von Wäldern.

Gryllteiste – Ein Alk mit Grillengesang

Die Gryllteiste gehört zu den am weitesten nördlich brütenden Vögeln. Diesen Alkenvogel mit dem schwarz-weißen Gefieder und den roten Beinen hätte man einfach auch nur „Grillen-Teiste" zu nennen brauchen. Dann wäre uns seine Namensgebung klarer gewesen. Die hoch pfeifenden Rufe von *Capphus grylle*, die zu einem Triller gereiht sein können, erinnern an eine Grille. Das griechische *gryllos* bzw.

lateinische *grillus* heißt übersetzt tatsächlich Grille, wobei das schwedische „grylle" das Gleiche bedeutet. Und „teiste" ist die dänische sowie norwegische Bezeichnung dieses Alkenvogels. Wenn er sich nicht gerade an unzugänglichen Brutfelsen und -klippen aufhält, taucht er im Meer nach Nahrung. Das sind vorwiegend Fische, aber auch Krebstiere, Borstenwürmer und andere Meerestiere auf dem Meeresboden oder unter großen Steinen. Die Teiste mit der grillenähnlichen Stimme zieht zwei schwarz bedunte Jungen im Schutz von Halbhöhlen und Höhlen auf, die von ihren Brutplätzen aufs Meer hinabgleiten, noch bevor ihre Schwungfedern ganz ausgewachsen sind, die ihnen aber bereits den Schwirrflug ihrer Eltern erlauben.

Heupferd – Keineswegs nur Vegetarier

Pferde bevorzugen als Weidegänger Gräser, Kräuter, Blätter und Rinden. Unsere Hauspferde erhalten vor allem im Winter neuerdings Silage, früher einfach den getrockneten Grasschnitt, auch Heu genannt. Deswegen heißen unsere Hauspferde aber noch lange nicht „Heupferde". Die echten Heupferde bilden eine eigene Familie, die der Heupferde (*Tettigonidae*) innerhalb der Überfamilie der Laubheuschrecken. Am bekanntesten ist zweifellos das Grüne Heupferd (*Tettigonia viridissima*), das so grün dahergesprungen oder geflogen kommt, das man das Grün in seinem lateinischen Namen sogar in die Steigerungsform erhob. Mit ihrem Werbegesang bezirzen die Heupferdmänner ihre Weibchen, um ihnen die Spermien in einem gallertartigen Behälter zu überreichen. Wenn die Spermien dann in die weibliche Genitalöffnung eingewandert sind, wird der jetzt leere Spermienbehälter vom Weibchen aufgefressen. Wenig später bohrt sie ihren langen Legestachel am Hinterende in den Boden, um die bis zu 100 Eier zu versenken. Die im nächsten Frühjahr schlüpfenden jungen Heupferde sehen den Eltern schon recht ähnlich. Bis sie erwachsen sind, fahren die jungen Hüpfer noch mehrfach aus der zwischenzeitlich zu klein gewordenen Haut, die, wie die Spermienverpackung, optimal recycelt wird, indem man sie auffrisst. Wer schon einmal ein Heupferd in die Hand genommen hat, konnte im Selbstversuch testen, dass es empfindlich beißen kann. Und außerdem konnte er buchstäblich Pferde kotzen sehen: Die erschreckten Tiere erbrechen nämlich gerne ihren Magensaft. Dieser dient übrigens nicht nur zum Verdauen von

Vegetarischem. Heupferde verzehren auch Fliegen, Raupen sowie Kartoffelkäfer und machen sich so bei Gartenbesitzern beliebt.

Kapschaf – Ein geschickter Gleitflieger

Als sich die ersten portugiesischen Seeleute im 15. Jahrhundert mit ihren Segelschiffen entlang der afrikanischen Küste bis in den stürmischen Südatlantik wagten, machten sie hier erstmals Bekanntschaft mit großen, schwarz-weißen Vögeln, deren gedrungener Körper von enorm lang ausgezogenen Flügeln scheinbar schwerelos durch die Luft getragen wurde. „Alcatraz", nannten die iberischen Seeleute diese fremdartigen Gleitflieger. In der Folge wurde von englischen Seglern aus dem portugiesischen Wort *alcatraz* (= große Seevögel) durch Verballhornung der „Albatros". Der Größte unter ihnen ist der Wander-Albatros. Mit einer Körperlänge von 1,1–1,4 m bringt er bei einer Flügelspannweite von bis zu 3,4 m ein Körpergewicht von 6–11 kg zum flügelschlaglosen Gleiten. Wenn die Seeleute beim Umfahren des Kaps solche großen Vögel im Dünengras sitzen oder auf Klippen in ganzen Kolonien brüten sahen, konnte beim Anblick der Albatrosse schon mal Heimweh hochkommen, indem sich die harten Männer an heimische Schafe auf schottischen Weiden erinnert fühlten. Von daher ist der Name „Kapschaf" für den großen Seevogel gar nicht so abwegig.

Nur selten sind Albatrosse auch auf der Nordhalbkugel zu sehen, wenn sie von ungünstigen Stürmen in unsere biogeografischen Regionen verschlagen werden. Dann sind sie natürlich ein ganz besonderer Hit für die nordwesteuropäischen Vogelfreunde – wie der im Sommer 2014 zwischen Dänemark und Helgoland kreuzende Schwarzbrauenalbatros (*Thalassarche melanophrys*).

Karpfenlaus – Tanken unter Wasser

Läuse setzt man sich in den Pelz, oder vielmehr: Sie kommen eher ungerufen und geraten in die Haare, um in deren Dickichten in aller Ruhe ihre Blutmahlzeit zu halten. Bei einem Karpfen ist das mit den Haaren aber so eine Sache, denn die am weitesten verbreiteten Zuchtformen, die Spiegel- und Lederkarpfen, haben nicht einmal ein Schuppenkleid.

Die zu den Kleinkrebsen gehörende Karpfenlaus (*Argulus foliaceus*) klammert sich daher nicht an, sondern hält sich am Zuchtkarpfen mit zwei großen Saugnäpfen fest, bevor sie durchaus nach Läusemanier die Blutgefäße ihres Wirtes anzicht. Das etwa 5 mm große Tier ist platt wie ein Blatt, was sein wissenschaftlicher Namenszusatz (vom lateinischen *folium* = Blatt) ausdrücklich betont. Der Gattungsname *argulus* erinnert dagegen an Argos, ein vieläugiges Ungeheuer aus der griechischen Sagenwelt. Der kleine Außenparasit, der nicht nur Karpfen, sondern auch Frösche und Kröten zur Ader lässt, ist kein Insekt und demnach keine Laus, sondern ein Kiemenschwanzkrebschen. Wenn er sich nicht gerade betankt, zieht er mit eleganten Bahnen durch das Wasser.

Kleiner Fuchs – Raus aus dem Bau, rein ins Liebesspiel

Während die meisten Falter im Sommer Hochzeit halten, eröffnet ein Schmetterling schon im zeitigen Frühjahr auf fuchsroten Flügeln mit halbmondförmig schwarz umrandeten blauen Flecken an den Flügelrändern den Hochzeitsflug. Der Kleine Fuchs (*Aglais urticae*) hat in einem hohlen Baum, unter loser Rinde oder auf unserem Dachboden überwintert und wird jetzt von seiner „Füchsin" abgeschleppt, die vor ihm herfliegend ihren unwiderstehlichen Duft verbreitet. Nach dem Balzflug und dem Liebesspiel am Boden mit Flügelzittern und Antennenspielchen findet die Paarung statt. Wobei sich das Liebespaar zwischendurch und danach immer wieder an Huflattich- und Weidenkätzchennektar stärken muss. Etwas später entdecken wir das Weibchen an den Brennnesselstauden in unserer sonnigen Gartenecke. Dort legt sie ihre Eier ab, aus denen dunkelschwarz gefärbte, mit einem doppelten gelblichen Seitenstreifen verzierte Raupen schlüpfen. Nach dem geselligen Zusammenleben im Raupengespinst und vielen Brennnesselblattmahlzeiten suchen sie sich einzeln an den Stängeln ihren Verpuppungsplatz. Mit einem Gespinstpolster an ihrem Hinterleibsende am Brennnesselstängel befestigt, hängen die Stürzpuppen jetzt kopfunter an der Pflanze, bis sich wieder schließlich ein fuchsrot gefärbter Falter aus der Puppenhülle zwängt. Vor allem die frisch geschlüpften Kleinen Füchse treffen mit ihrer Färbung den Farbton ihres Namensgebers, unseres Rotfuchses, sehr genau. Den Fuchsfaltern der zweiten Generation können wir übrigens mit Schmetterlingsflieder und Staudenastern im Garten reiche Nektarquellen bieten, bevor sie zum Überwintern unser Gartenhaus oder den Dachboden als „Fuchsbau" aufsuchen.

Kompassqualle – Nur die Strömung bestimmt den Kurs

Im Allgemeinen haben Quallen einen schlechten Ruf. So mancher fühlte sich schon von ihren Nesselzellen unangenehm berührt, die je nach Art sogar recht heftige und langwierige Schmerzen hervorrufen. Andererseits sind diese Tiere außerordentlich formschön und gehören zu den grazilsten Erscheinungen des Tierreichs überhaupt. Meist sieht man sie nur gestrandet am Ufer. Da sie sich mit ihren Schwimmbewegungen immer gegen die Strömung stellen, landen sie vor allem bei ablandigem Wind fast zwangsläufig am Strand. Die herumliegenden Fetzen lassen dann die zarten Bauteile kaum noch erkennen, halten die Badetouristen aber dennoch wirksam auf Distanz.

Die Kompassqualle (*Chrysaora hysoscella*) – benannt nach Chrysaon, einem Sprössling des Meeresgottes Poseidon aus der griechischen Sagenwelt – ist ein ausgesprochen hübsches Geschöpf. Den deutschen Namen erhielt sie nach den exakt 32 radial und winkelgenau verlaufenden Strichen auf ihrer Schirmaußenseite, die genauso aussehen wie die Richtungseinteilung eines Schiffskompasses. Sie treffen am Schirmrand genau auf die Stellen, wo sich die Sinnesorgane bzw. Tentakel befinden. Übrigens: Die Kompassqualle ist das Wappentier des bedeutendsten deutschen Meeresforschungsinstitutes, der Biologischen Anstalt Helgoland, die heute zum renommierten Alfred-Wegener-Institut (Bremerhaven) gehört.

Krabbenspinne – Verführen, vergiften, verspeisen

Pflanzen haben gleichsam die Plakatwerbung erfunden: Knallbunt und mit üppigen Formen stellen sie ihre Blüten zur Schau, damit fliegende Insekten landen, sich mit Pollen beladen und diesen anschließend verschleppen. Für Bienen und Falter ist die Blüte zusätzlich vor allem ein Saftladen: Die Nektardrüsen der Billigtankstelle sondern hoch konzentrierte Zuckerlösungen als wirksame Insektennahrung ab. Das Geschäft floriert – in der geöffneten Blüte ist fast immer Betrieb. Und außerdem gibt es unter den Blüten auch Nachtlokale.

Nun liefert die Natur auch das Vorbild für üble Wegela-
gerer: Krabbenspinnen – so genannt wegen ihrer krabben-
ähnlichen Gestalt – steigen in die Blüten ein und platzieren
sich mittendrin, wo sonst Nektartropfen und Pollenpake-
te locken. Die Spinnenart *Misumena vatia* geht besonders
trickreich vor, denn sie ist blütenbunt ausgefärbt, mal kräftig gelb, mal reinweiß oder gar in rötlichen Nuancen. Wenn
sie inmitten einer Blüte thront, erscheint diese sogar mit
besonders verlockendem Make-up. Anfliegende Blütenbesucher bemerken die fatale Falle meist zu spät – sie landen
geradewegs in den Giftklauen der Spinne. Die zieht mit dem
gelähmten Opfer in den nächsten Blattwinkel und saugt die
Beute genüsslich aus.

Lilienhähnchen – Kein kleiner Kräher

Mit Hühnern ist er nicht verwandt, der knapp zentimetergroße rote Käfer mit dunklem Kopf und dunklen Beinen
aus der Familie der Blattkäfer (*Chrysomelidae*). Käfer und

Larven des Lilienhähnchens fressen an verschiedenen Liliengewächsen wie Türkenbundlilie, Maiglöckchen oder Lauch. Ab April tauchen sie daran auf, auch an unseren Gartenpflanzen, um in deren Blätter oder Knospen runde Löcher hineinzufressen, oder diese vom Rand her anzuknabbern. Ihre Eier legen sie einzeln oder in Gruppen an der Pflanze ab und beschmieren sie übrigens sogleich mit ihrem Kot. Auch die daraus geschlüpften Larven zehren ganz von Lilien und umgeben sich dabei mit einer schleimigen, schützenden Kotschicht. Die ist für Vögel mit Interesse an Lilienhähnchen höchst ungenießbar. Von der Gattung Lilienhähnchen kommen bei uns drei Arten vor: *Lilioceris lilii*, *Lilioceris merdigera* und *Lilioceris tibialis*. Letzteres zeichnet sich durch dickere Fühler sowie grob punktierte Flügeldecken aus und kommt nur im bayerischen Alpen- und Alpenvorland vor. Nach dreimonatiger Entwicklungszeit verpuppen sich die Lilienhähnchenlarven in der Erde. Die geschlüpften Käfer suchen sich Verstecke, um ab April dann wieder erneut an den Liliengewächsen zu fressen und von dort zu „krähen": Bei Gefahr geben sie nämlich einen an das Krähen eines kleinen Hahnes (deshalb der Name Hähnchen!) erinnernden Zirpton ab, indem sie ihre Flügeldecken über eine auf dem Rücken liegende Kante reiben. Somit kräht es bei uns nicht nur vom Mist, sondern, je nach Vorliebe der verschiedenen Hähnchen-Käferarten, auch aus dem Kirschbaum (Kirsch-Blatthähnchen), aus Wildgraswiesen und Getreideschlägen (Getreideblatthähnchen), vom Spargel (Spargelhähnchen) oder von Lilien.

Mondvogel – Ein Mond als Tarnung

Natürlich ist der Mondvogel weder ein bei Mondschein noch zum Mond fliegender, geschweige denn auf dem Mond beheimateter Vogel. *Phalera buccephala* ist vielmehr ein Nachtfalter aus der Familie der Zahnspinner (*Notodontidae*), benannt nach einem zahnartigen, beschuppten Fortsatz, der bei den ruhenden Faltern meist deutlich erkennbar ist. Namengebend für den Mondvogel ist ein großer, runder, gelber Fleck an der Spitze der Vorderflügel. Dieser „Mondfleck" dient jedoch keineswegs zum Auffallen, sondern eher der Tarnung. Der Mondvogel setzt sich nämlich gerne an abgestorbene Äste. Mit seinen dicht an den Körper gelegten, grauen Vorderflügeln und dem gelben Mondfleck an deren Ende springt er jetzt weder uns noch einem Vogel unmittelbar ins Auge, sondern gleicht in verblüffender Weise einem abgebrochenen Zweig. Seine Eier legt der Mondvogel an die Blattunterseite der Futterpflanzen (Eiche, Birke, Buche, Linde, Sal-Weide und andere Laubgehölze). Die halbkugeligen Mondvogeleier sind mit einem schwarzen Punkt gezeichnet und starren uns wie Augen an.

Moostierchen – Klein und unglaublich fein

Erklärte Enthusiasten, die sich gerne mithilfe von Lupe oder Mikroskop in den kleinen bis sehr kleinen Dimensionen tummeln, wissen natürlich, dass selbst ein fingernagelgroßes Stück eines Moosrasens aus der nächsten erreichbaren Gehwegfuge auch mitten in der Großstadt gewöhnlich ein wimmelnder Mikrokosmos und somit ein unerwartet reichhaltiger Kleinlebensraum ist. Der Rest der Menschheit ahnt davon nichts. Wie sollte sie auch – die verborgene Welt unter unseren Füßen ist im Alltagsbetrieb einfach kein Topos, mit dem man sich üblicherweise aufhält. Und weil die mehrheitlich unsäglichen TV-Kanäle, welche die Unterschicht zu beglücken versuchen, sich dieser Szene auch noch nie angenommen haben, bleibt davon fast alles unerkannt bis verborgen. Die hier zu erlebenden Szenarien würden indessen jedes Dschungelcamp locker in den Schatten stellen.

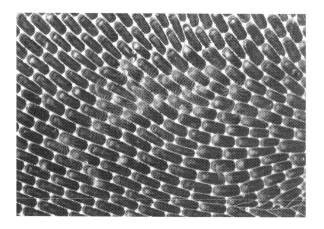

Zugegeben: In jedem minimalen Moosrasen finden sich mengenweise Protozoen, Fadenwürmer, Insektenlarven, Springschwänze, Milben oder sonstige Repräsentanten der Mikrofauna – somit also eine arten- und typenreiche Versammlung diverser „Moostierchen". Die heißen aber in der systematisch arbeitenden Zoologie gar nicht so. Mit den eigentlichen Moostier(ch)en (*Bryozoa*) ist vielmehr ein eigener Tierstamm gemeint, der in der heutigen Fauna immerhin mit knapp 6000 Arten und fossil mit rund 16.000 Arten vertreten ist. Nur wenige ihrer Arten kommen in Süßwasserbiotopen vor; die weitaus meisten sind marin verbreitet. Gesehen hat sie fast jeder einmal, der sich ein wenig neugierig und genauer den Auswurf des Meeres an den Spülsäumen unserer Küsten angeschaut hat: Hier finden sich auf fast allen angedrifteten Großtangresten seltsam krustige, weißliche und meist mehr als handflächengroße Überzüge. Es sind die hier überwiegend in flächigen Kolonien auftretenden Arten – jede einzelne der schon mit bloßem Auge erkennbaren kleinen Boxen ist die saisonale Wohnung eines polypenartig aufgebauten Einzelwesens. Diese in der Lupenbetrachtung bei ihren Lebenstätigkeiten mit dem Einstrudeln verwertbarer Nahrungspartikeln zu beobachten, liefert faszinierende Eindrücke. Viele dieser interessanten und auch an der Nordsee relativ häufigen Arten tragen keinen gebräuchlichen deutschen Namen. Manche Hochschullehrer ärgern anlässlich von Meeresexkursionen ihre in den alten Sprachen nicht mehr trainierten Studierenden gerne mit der Demonstration einer besonders häufigen Moostierchenspezies auf einer ebensolchen Rotalge mit folgender Ansage: Das hier ist *Membranipora membranacea* auf *Membranoptera alata*.

Ohrwurm – Ökogärtners Lieblingshit

Mit diesem Ohrwurm ist nicht der aktuelle Hit gemeint, der von allen Radiostationen täglich so lange herauf und herunter abgespielt wird, bis er uns als „Ohrwurm" bald nicht mehr aus dem Sinn geht. Der echte Ohrwurm (*Forficula auricularia*) ist ein 10–15 mm langes, äußerst wuseliges Insekt, dessen gefährlich wirkende Zangen am Hinterleib ihm den Zweitnamen Ohrkneifer (in Frankreich *perce-oreille* = Ohrstecher) einbrachten. Die Engländer nennen ihn einfach *earwig* (Ohrkäfer). Die leidige, aber total unzutreffende Zwangsvorstellung, wonach das Tier menschliche Gehörgänge aufsucht, ist also offensichtlich ein europäisches Phänomen. Nachdem aufgestörte Ohrwürmer sich fluchtartig in jede kleine Ritze und Spalte quetschen, ist nicht auszuschließen, dass auch schon mal ein Menschenohr einem Ohrwurm als wenig geeignete Fluchtburg diente. Mit seinen Zangen kann er darin aber gewiss keinen Schaden anrichten. Bei denen handelt es sich weniger um Kneifwerkzeuge als vielmehr um vielseitig einsetzbare Präzisionspinzetten. Damit halten Ohrwürmer größere Insekten fest, um sie vor dem Verspeisen mit einem gezielten Biss der Mundwerkzeuge zu töten. Der Ohrwurmmann bringt mit seinen größeren Zangen zudem die Partnerin vor der Paarung in die richtige Position. Und schließlich werden mithilfe dieser zu Zangen umgewandelten Schwanzanhänge (*Cerci*) die unter den kurzen Flügeldecken verborgenen und übrigens äußerst kompliziert zusammengelegten Flügel vor dem Start entfaltet. Heute ist der Ohrwurm als Verzehrer von Blattläusen und anderen Pflanzenschädlingen Ökogärtners Liebling, für den man auch schon mal Ohrwurmhäuschen als Luxusappartements aufhängt. Auch wenn *Forficula auricularia* außer an Blattläusen gelegentlich auch an zarten Pflänzchen und Früchten nascht.

Russischer Bär – Ein echter Prachtbär zeigt Flagge

Mit mehr als 6000 Arten ist die Nachtschmetterlingsfamilie der Bärenspinner (*Arctiidae*) über alle Erdteile verbreitet. Ihr Name geht auf die dichte, an ein zottiges Bärenfell erinnernde Behaarung ihrer sehr beweglichen und schnellen Raupen zurück. Nach ihren Fundorten oder ihrer Zeichnung werden die verschiedenen Arten der Bärenspinner Augsburger, Engadiner, Brauner, Gelber, Schwarzgefleckter oder Bunter Bär genannt.

Der Russische Bär (*Euplagia [Panaxia] quadripunctaria*) heißt auch Prachtbär oder eigenartigerweise Spanische Fahne. Mit etwas Fantasie bekommt man die Leitfarben der spanischen Flagge aus den hellgelben Linienmustern der schwarzblauen Vorderflügel und den roten Hinterflügeln zusammen. Die Notierung von Russland im Artnamen dieses flatterhaften Bären ist indessen kaum herzuleiten. Sie führt zudem auf mancherlei gedankliche Abwege.

Bleiben wir also lieber bei der Spanischen Fahne. Die Art ist eine der wenigen in ihrer näheren Verwandtschaft, die tagaktiv ist und gerne an Gebüschsäumen bzw. Wiesenrändern patrouilliert. Da *Euplagia* – was sonst bei den Bärenspinnern nur selten vorkommt – einen gut ausgebildeten Saugrüssel besitzt, sieht man die Art im Hochsommer häufig beim Nektarnaschen auf größeren Wiesenblumen. Beim Sitzen zeigt sie meist nur die dunklen Vorderflügel mit den hellgelben Streifen. Erst bei Gefahr zieht sie diese zur Seite, und nun leuchten die roten Hinterflügel mit zwei schwarzen Punkten und einem schwarzen Randfleck plötzlich grell auf. Mit dieser auffälligen Warntracht signalisiert Euplagia ihrem Verfolger, dass sie ein sehr ungenießbarer Falter ist – und das passt wieder zur Bezeichnung Russischer Bär.

Schwan – Zwar ganz in Weiß, aber dennoch kein Schwan

Wenn er schwanenweiß, mit langer, fast federartiger Behaarung am Körper auf einem Blatt sitzt, erinnert der Schwan (*Euproctis similis*), ein notabler Nachtfalter aus der Trägspinnerfamilie, tatsächlich an sein gefiedertes Vorbild. An feuchten Wald- und Wegrändern sind Schwäne zwischen Juni und September nicht selten anzutreffen. Ihre schwarz, weiß und rot gezeichneten Raupen leben an vielen verschiedenen Laubholzarten. Außerdem ähneln sie sehr den Raupen des nahe verwandten Goldafters. Letzteren fehlt allerdings der Rückenhöcker und außerdem wirken diese durch die gelbrote Behaarung etwas blasser als die „Jungschwäne" – Pardon! – Schwanraupen.

Seegurke – Seltsam und so gar nicht salattauglich

Eine Gurke würde man gewiss eher bei den Eintragungen im ersten Kapitel erwarten, das ausdrücklich eigenartige Pflanzennamen versammelt. Mit den Seegurken bewegen wir uns aber ganz solide im Bereich der Zoologie: Seegurken, manchmal auch Seewalzen genannt (auch nicht gerade allgemein verständlich …), bilden eine der sieben heute unterschiedenen Klassen der Stachelhäuter, zu denen allbekannte Vertreter wie Seesterne und Seeigel gehören. Sie sind weltweit arten- und fallweise individuenreich in allen möglichen marinen Ökosystemen vertreten. Die größeren, in manchen Fällen bis 2 m Länge erreichenden Arten leben gewöhnlich auf dem Meeresboden (manche Spezies sogar auf den Tiefseeböden bis in etwa 10.000 m Meerestiefe), während die Zwergformen dieser Verwandtschaft so klein sind, dass sie sogar im zweifellos eng bemessenen Sandkornlückensystem entlang der Nordseeküste einen zusagenden Lebensraum finden.

Auffallendes Merkmal der meisten Stachelhäuter ist ihre fünfstrahlige Symmetrie – eindrucksvoll abzulesen an Seeigeln, Schlangensternen und Seesternen. Die Seegurken, wissenschaftlich unter der Klassenbezeichnung *Holothuro-*

idea zusammengefasst, geben die Fünfstrahligkeit dagegen zugunsten einer funktional zweiseitigen Symmetrie weitgehend auf – sie bewegen sich, zugegebenermaßen relativ träge, auf der gewählten Bauchseite und suchen den Meeresboden nach organischen Resten ab. Das alles ist gewiss schon reichlich seltsam. Noch eigentümlicher ist aber die Selbstverteidigung dieser Tiere – sie kämpfen nämlich buchstäblich mit ihrem Enddarm. An diesem nützlichen Organ sitzen mehrere Verzweigungen, die man Cuviersche Schläuche nennt. Eine etwa von einem Krebs attackierte Seegurke kann diese Schläuche durch den After aktiv ausstoßen. Im freien Wasser verlängern sich diese beträchtlich und sondern an der Oberfläche eine klebrige Substanz ab, sodass sich die Angreifer darin heillos verfangen. Manche Arten setzen bei diesem Manöver auch noch einen Giftstoff ab, der ihre Angreifer augenblicklich betäubt. Die verlorenen Cuvierschen Schläuche werden erstaunlich schnell regeneriert.

Einige Seegurkenarten werden in Ostasien mariniert als Delikatesse verzehrt. Nun ja – ein veritabler Gurkensalat ist womöglich ungleich schmackhafter.

Seehase – Ohren zum Riechen

Den Hasen kennt jeder als Tier mit besonders langen Ohren. Bei schokoladenen Osterhasen sind sie sogar überproportional lang. Das Bild der langen Lauscher hat nun so manche Namensgebung angeregt, so auch bei den Seehasen (*Aplysia*-Arten), die zu den überaus formschönen Meeresnacktschnecken gehören. Sie kommen im Mittelmeer, im

Atlantik und auch in der Nordsee vor und werden je nach Art bis zu etwa 30 cm lang. Vorne tragen sie zwei längere schlanke Kopflappen, die den Fühlern der Weinbergschnecke vergleichbar und die die Namen gebenden „Hasenohren" sind. Sie enthalten die Sinnesorgane.

Im alten Rom galten die Seehasen als giftig, und Kaiser Domitian war sogar einmal angeklagt, weil er mit einer solchen Giftschnecke angeblich seinen Bruder Titus umgebracht hat. Italienische Fischer glauben bis heute, der Schleim eines Seehasen würde ihnen alle Haare ausfallen lassen. Tatsächlich sind die Seehasen von Natur aus ungiftig. Sie können jedoch giftige Inhaltsstoffe aus ihrer Nahrung speichern und auf diesem Umweg zum Problemfall werden. Die nach dem wissenschaftlichen Gattungsnamen benannten *Aplysia*-Toxine gehen ganz schön auf die Nerven und können Lähmungen hervorrufen.

Seehasen können übrigens wie manche Tintenfische ihre Verfolger mit einer milchig-violetten Farbwolke einnebeln.

Ein Seehase ist auch eine im Nordatlantik beheimatete, etwa 30 cm lange Fischart, nämlich die Spezies *Cyclopterus lumpus*, die nun so gar nicht nach Hase aussieht. Ein kleiner Bestand mit zwergwüchsigen Exemplaren kommt auch in der Ostsee vor. Der Körper wirkt recht massig und plump. Eigenartigerweise fehlen dieser Fischart die Schuppen – ihre Haut ist sehr lederig und durch Knochenstachel ziemlich rau. Die Weibchen sind türkisgrün, die Männchen oberseits dunkelgrau und bauchseits rötlich. Von Februar bis Mai legt das Weibchen bis zu 350.000 Eier in den küstennahen Tanggürteln ab. Das Männchen bewacht und verteidigt das Gelege energisch – selbst bei Niedrigwasser und selbst schon halb trocken liegend.

Seemaus – Auch kein rechtes Kuscheltier

Mit den Mäusen ist es eine eigenartige Sache. Die meisten Menschen finden sie überaus putzig, aber wenn wirklich einmal eine in der Wohnung umherhuscht, steht so manche(r) kreischend auf dem Küchentisch. Die Seemaus verursacht solche Verlegenheiten nicht, denn ihr Lebensraum ist das Meer. Außerdem ist sie gar kein Fell tragendes Säugetier, sondern ein Ringelwurm – allerdings ein recht ungewöhnlich aussehender: Sie besteht aus etwa 40 Körpersegmenten, wird bis zu 20 cm lang sowie etwa 8 cm breit und bildet damit ein an beiden Enden gerundetes Längsoval. Mit diesen Abmessungen ist sie schon eher eine Seeratte. Innerhalb ihrer enorm artenreichen Verwandtschaft gehört sie zu den Vielborstern. Auf dem Rücken und an den Körperflanken trägt sie einen dichten Besatz nadelspitzer und etwas starrer Chitinborsten, die im auftreffenden Licht wunderschön in den Regenbogenfarben irisieren. Was an der Seemaus mäuseartig ist, hat ihr Benenner Carl von Linné allerdings nicht überliefert, aber er gab ihr den bemerkenswerten wissenschaftlichen Namen *Aphrodita aculeata* – nach Aphrodite, der griechischen Göttin der Schönheit.

Seepocken – Nein, keine neue Reisekrankheit!

Obwohl sie an allen Meeresküsten enorm häufig sind, nehmen die meisten Strandurlauber sie kaum wahr, denn sie sehen nach verbreiteter bürgerlicher Einschätzung gar nicht wie Lebewesen aus. Zweifellos gehören die Seepocken zu den eigenartigsten Organismen der an skurrilen Gestalten ohnehin überreichen marinen Fauna. Sie besiedeln in der Gezeitenzone alle festen Unterlagen und finden sich in großer Siedlungsdichte auf Fels, Steinen, Buhnen, Molen, Muschelschalen, Strandschnecken und Strandkrabben. Noch zu Beginn des 19. Jahrhunderts hielt man sie für besonders absonderliche Muscheln – eine Art aus ihrer engsten Verwandtschaft trägt noch bis heute die Bezeichnung Entenmuschel. Als man jedoch die typischen Larvenstadien der Seepocken entdeckte, war die Sache eindeutig: Wir haben es hier mit einfachen, erst im Erwachsenenalter festsitzenden Krebsen zu tun.

Wenn die zunächst im Plankton lebende, mikroskopisch kleine Larve zur festsitzenden Lebensweise übergeht, wandelt sie sich völlig um. Gleichzeitig legt sie ein aus mehreren Kalkplatten bestehendes Gehäuse an, das in der Mitte einen verschließbaren Deckel aufweist. Er ist zwar vierteilig, arbeitet jedoch wie ein rechter und linker Türflügel. An Form und Größe dieses Kalkgehäuses kann man die verschiedenen Seepockenarten einfach unterscheiden. Am häufigsten ist in der Gezeitenzone der Nordsee die Gewöhnliche Seepocke anzutreffen (*Semibalanus balanoides*).

Seepocken (*Balanidae*) gehören zu den Rankenfußkrebsen (*Cirripedia*). Die Zugehörigkeit zu den Arthropoden ist am adulten Tier allenfalls anhand der gegliederten Rankenfüße zu erkennen. Gewöhnlich liegt die Schlagfrequenz temperaturabhängig bei etwa 20–60/min. Die innere Organisation der Tiere ist nur schwer zu ergründen. Am besten stellt man sich eine Seepocke als einen durch Metamorphose S-förmig gekrümmten und auf den Kopf gestellten Kleinkrebs vor.

Die Beine dienen nicht mehr der Fortbewegung. Die hintersten drei Beinpaare (4–6) werden zu einer Fangreuse entrollt. Ihr dichter Borstenbesatz ergibt eine Maschenweite von etwa 35 µm. Die drei vorderen Beinpaare (1–3) nehmen an der Strudelbewegung nicht teil, sondern bleiben im Gehäuse. Ihr Reusenapparat ist mit etwa 1 µm Maschenweite noch ungleich feiner. Die Schlagbewegungen dienen wie bei allen Filtrierern nicht nur dem Nahrungserwerb, sondern auch dem Austausch des Atemwassers. Der Gasaustausch innerhalb des Gehäuses findet über die gesamte Körperoberfläche statt, die bei manchen Arten durch Falten vergrößert ist. Beim Trockenfallen behalten die Tiere einen kleinen Wasservorrat im Gehäuse zurück. Der Deckel wird nur teilweise verschlossen, sodass Sauerstoff eindiffundieren kann. Geringe Beinbewegungen verteilen das O_2-angereicherte Wasser in der Gehäusekammer. Zur Entrollung der Rankenbeine erhöht die kräftige Muskulatur im Vorderkörper den Blutdruck (Herz und Blutgefäße fehlen). Das muskelvermittelte Rückholmanöver treibt das Blut aus den Rankenfußhohlräumen wieder zurück.

Seepocken sind im Unterschied zu den meisten anderen Krebsen zwittrig. Die Kopulation mit innerer Befruchtung erfolgt wechselseitig. Der Penis kann sich auf mehrere Zentimeter Länge strecken und deponiert die Spermien in der Mantelhöhle. Hier befinden sich auch die befruchtungsreifen Eier.

Seewolf – Nur das Gebiss stimmt

Auch in seinem wissenschaftlichen Namen *Anarhichas lupus* taucht der Wolf (*lupus*) auf. Mit vollständigem deutschem Namen heißt er Gestreifter Seewolf oder Katfisch. Wichtigste Erkennungsmerkmale dieses Bodenfischs sind sein lang gestreckter Körper, dessen Höhe vom Hinterkopf zur Schwanzflosse gleichmäßig abnimmt und sein großer, plumper Kopf mit abgerundeter Schnauze und gefährlich aussehenden, gekrümmten Fangzähnen. Dabei sind Seewölfe kaum entschlossene Hetzjäger wie ihre Namen gebenden Säugetiervorbilder. Vielmehr ernähren sich die erwachsenen Tiere von hartschaligen, eher langsamen Bodentieren wie Krebsen, Weichtieren und Stachelhäutern, die sie mit ihrem äußerst kräftigen Gebiss zertrümmern. Einen bemerkenswerten Vorteil gegenüber den richtigen Wölfen haben die Seewölfe jedoch: Ihre abgenutzten Zähne werden kurz vor der Laichzeit einfach durch neu nachwachsende ersetzt. Eine verwandte Art, der Blaue Seewolf *A. denticulatus,* lebt im Nordatlantik und wird mit bis zu 1,5 m Länge noch um 30 cm größer als der Gestreifte Seewolf. „Wasserkatze", so der Zweitname für den Rundschädel mit den Fangzähnen, ist letztlich treffender als der Vergleich mit einem länglichen Wolfskopf. Die Wasserkatze hat, wie alle Seewölfe, natürlich keine Haare. Dafür kann man aus ihrer festen Haut Leder herstellen. Übrigens: Seewölfe sind bemerkenswert wohlschmeckende Speisefische. Auf den Menükarten der einschlägigen Gastronomie findet man sie gewöhnlich unter der Eintragung „Loup de mer".

Silberfischchen – Lichtscheue Untermieter

Bestimmt haben Sie diese winzigen Wesen auch schon einmal gesehen: Man geht spätabends noch einmal ins Bad, und schon verschwindet ein offenbar lichtscheuer Mitbewohner im Abfluss der Dusche – kein Grund zur Panik, denn die kleinen Tiere sind völlig harmlos. Nach ihrer schlanken, metallisch glänzenden Gestalt nennt man sie Silberfischchen, zumal sie bei genauerer Betrachtung mit der Lupe auch noch 0,2 mm lange und silbrig schimmernde Schuppen tragen. Mancherorts nennt man die Tiere auch Zuckergast.

Silberfischchen gehören zu den flügellosen Urinsekten. Im kühlen Mitteleuropa leben die bis zu 12 mm langen Tiere fast nur in Häusern und überwiegend in Badezimmern, im warmen Süden dagegen auch im Freiland. Sie ernähren sich bevorzugt von stärkehaltiger Nahrung, aber auch von anderem organischen Abfall wie Staubteilchen. Die Tiere sind überwiegend nachtaktiv und verschwinden bei Licht rasch in Ritzen und Fugen.

Spanische Fliege – Verwirrung zwischen Liebe und Tod

Zunächst bleibt festzuhalten, dass schon allein der Name „Spanische Fliege" verwirrt. Sie ist nämlich gar keine Fliege, sondern ein knapp 1–2 cm großer, leuchtend grün gefärbter, voll geflügelter Ölkäfer (*Lytta vesicatoria*), der sich von Laubblättern, vor allem Eichenblättern, ernährt. Seine Larven entwickeln sich eigenartigerweise in Wildbienennestern.

Mit „Spanischer Fliege" wird ein Trank bezeichnet, der früher aus diesem Ölkäfer gewonnen wurde und der in geringen Dosen als Aphrodisiakum angeblich die Liebeslust steigerte, in höheren Dosen aber absolut tödlich wirkte. Das Cantharidin ist wohl das stärkste Blutgift, über das ein Käfer verfügt. Seltsamerweise hält dieses Anhydrid viele insektenfressenden Wirbeltiere wie Frösche, Igel, Fledermäuse und Vögel vom Verspeisen der Spanischen Fliege nicht ab. Dagegen wirkt eine Dosis von bereits 0,03 g des aus der Spanischen Fliege gewonnenen Cantharidins für uns bereits tödlich. Als man Spanische Fliege noch zur Libidosteigerung nutzte, war damit der Grad zwischen Liebe und Tod äußerst schmal und höchst gefährlich.

Tölpel – So ungeschickt sind sie wirklich nicht!

In unseren Breiten, genauer auf Helgoland, brütet seit einigen Jahren eine Vogelart, die auf langen, schmalen Flügeln mit bis zu 190 cm Spannweite über das Wasser fliegt, um plötzlich innezuhalten und sich torpedogleich aus bis zu 40 m Höhe mit angelegten Flügeln ins Wasser zu stürzen. Der Erfolg dieses Meisters im Stoßtauchen ist meist ein Fisch, den er gleich selbst verzehrt oder seinem einzigen Jungen auf dem schmalen Felsband am Kliff bringt. Basstölpel (*Sula bassana*) heißt die Art, die mit ihren Schwimmhäuten zwischen allen vier Zehen zur Ordnung der Ruderfüßer zählt. „Bass" umschreibt nicht etwa eine Lautäußerung des Vogels, sondern nimmt auf die Felseninsel Bass Rock vor der Schottischen Ostküste Bezug, einen der Hauptbrutplätze dieser Art. Als „Tölpel" wird die ganze Vogelfamilie der *Sulidae* bezeichnet. Der Name stammt von Seeleuten, auf deren Schiffen nicht selten tropische Tölpel zum Ausruhen landeten. Weil die Tiere keinerlei Fluchtverhalten zeigten, wurde ihnen die fehlende Scheu vor den Menschen als Dummheit ausgelegt. Man muss doch wohl ein ziemlicher „Tölpel" sein, wenn man den ungebildeten wilden Seemännern so vertrauensvoll nahekommt!

Trottellummen – Ein Stehplatz in der Steilwand

Rund neun Monate des Jahres verbringen sie auf hoher See im Nordatlantik. Nur zum Brüten kommen sie ab Ende März an Felsküsten mit Steilklippen, zum Beispiel zu dem berühmten Helgoländer Vogelfelsen, und bleiben dort etwa bis Juni: Hier bilden die eigenartigen Trottellummen (*Uria aalge*) auf den Erosionsgalerien im Naturschutzgebiet Lummenfelsen eine Brutkolonie mit unterdessen über 5000 Brutpaaren. Lummen bauen keine Nester und legen ihr Ei direkt auf den nackten Fels. Die ausgeprägte Kreiselform verhindert übrigens, dass die Eier im Gedränge beim Landen von den schmalen Galerien kullern oder bei auflandigem Wind in bedrohliche Randlage geraten.

Lummen sehen aus wie kleine Pinguine. An Land bewegen sie sich auch ebenso tapsig fort. Im Unterschied zu den Pinguinen können sie jedoch fliegen, wenn auch nicht besonders gut. Nur beim Tauchen sind sie enorm schnell und wendig. Die unbeholfenen und leicht vertrottelt wirkenden Gehbewegungen haben ihnen wohl den Namen eingetragen.

Das allerdings hatte bezeichnende Auswirkungen auf die Pinguine, obwohl die Trottellummen zu den Alken gehören und mit den Pinguinen überhaupt nicht verwandt sind. Englische Seeleute nannten den ebenso unbeholfen wirkenden, heute ausgerotteten Riesenalk, der einst an den Küsten nordatlantischer Inseln brütete, *ping-wing* (= Stummelflügler). Daraus wurde Pinguin, und Carl von Linné leitete davon den wissenschaftlichen Artnamen *Pinguinus impennis* ab. Der einst arktisweit verbreitete Riesenalk wäre somit der erstbenannte Pinguin. Als James Cook und Georg Forster 1772 weit in die hohen Breiten der Südhalbkugel vorstießen und dabei den antarktischen Kontinent entdeckten, beobachteten sie dort Vögel mit konturscharf schwarz-weiß abgesetzten Gefiederpartien, die wie die ihnen bekannten nordischen Alke aussahen. So nannten sie die Tiere folgerichtig Pinguine. Erst Georges Louis Buffon erkannte, dass die antarktischen Pinguine und die arktischen Alken völlig verschiedenartige Verwandtschaftsgruppen darstellen.

Wiesenweihe – Wird hier das Grünland geweiht?

Bei einer Weihe (vgl. Kirchweihe) oder Einweihung denkt man in unserem traditionellen Kulturkreis üblicherweise an eine kirchlich flankierte Handlung. Eine Wiesenweihe könnte demnach die pastoral vorgenommene Weihe der Wiesen sein – analog der in manchen Gegenden bis heute üblichen Flurprozessionen oder Viehsegnungen. Die in der glücklicherweise untergegangenen „DDR" angesagte Jugendweihe kann man in diesem Kontext allerdings völlig vergessen.

Weihe ist aber auch die Bezeichnung für eine heimische Greifvogelgattung. Üblicherweise unterscheidet die Landbevölkerung nicht zwischen den Milanen und Weihen.

Von den Milanen kommen bei uns der Schwarz- und der Rotmilan vor. Letzterer wird wegen seines tief eingekerbten Schwanzes auch als „Gabelweihe" bezeichnet. Wobei „Gabelweihe" eigentlich zweimal das Gleiche ausdrückt, denn „Weihe" geht auf das indogermanische „wie -o" zurück, was soviel wie aus „zwei bestehend, Zweig" bedeutet. Griechisch heißt die Weihe *kirkos*, womit wir direkt beim Gattungsnamen *Circus* der Weihen wären. Der Artzusatz *pygarus* („Weißbürzel") unserer Wiesenweihe nimmt Bezug auf die auffällig weißen Oberschwanzdecken bei den sonst dunkelbraunen, weiblichen Wiesenweihen. Ein keineswegs exklusives Merkmal, denn Wiesenweihen teilen es durchaus mit den anderen „Weißbürzel-Weihen" Korn- und Steppenweihe. Der erste Namensteil aller drei Genannten (Korn, Wiese, Steppe) nimmt Bezug auf ihr Vorkommen in offenen Landschaften. In intensiv genutzten Agrarlandschaften hat die Kornweihe jedoch trotz ihres Namens keine Überlebenschancen. Sie brütet nämlich im Gegensatz zu der Wiesenweihe nicht im Getreide, sondern in Mooren, Heidegebieten und Feuchtwiesen. Wiesenweihen kommen dagegen zwar eher in feuchten Niederungsgebieten, offenen Buschlandschaften sowie trockenem Wiesenland vor, können ihre Jungen im Bodennest aber auch in Wintergetreide wie Roggen und Weizen großziehen, solange die Brut nicht durch den Erntebetrieb gestört oder vernichtet wird. Während die Wiesenweihe als Zugvogel hauptsächlich in Afrika überwintert, handelt es sich bei Winterbeobachtungen von „Weißbürzel-Weihen" bei uns fast immer um Kornweihen. Diese Kurzstreckenzieher kommen aus ihren nördlichen Brutgebieten zu uns ins binnenländische mitteleuropäische Kulturland, um in ganzen Gruppen an traditionellen

Schlafplätzen in Streuwiesen, Schilf oder Altgrasbestän-
den zu nächtigen und tagsüber über Äckern und Wiesen
im weihetypischen, niedrigen Suchflug, gaukelnd und mit
v-förmig angehobenen Flügeln nach Mäusen zu spähen.
Somit ist eine Weihe auf oder über einer Wiese noch lange keine Wiesenweihe, und eine Weihe im sommerlichen
Kornfeld kann zwar eine Wiesenweihe oder eine Rohrweihe
sein, auf keinen Fall ist sie eine Kornweihe.

6

Und noch ein paar ziemlich Seltsame

© Springer-Verlag Berlin Heidelberg 2016
B. P. Kremer und K. Richarz, *Was alles hinter Namen steckt*,
DOI 10.1007/978-3-662-49570-4_6

Von der Qual der Namenfindung

Über zwei Millionen Organismenarten sind bis heute beschrieben und benannt worden. Fast alle Fachleute sind sich darüber im Klaren, dass es auf der Erde noch weitaus mehr Arten zu entdecken und zu beschreiben gibt – eventuell acht oder zehn und möglicherweise sogar noch viel mehr Spezies. Tatsächlich werden jedes Jahr durchschnittlich etwa 15.000 fossile oder lebende Arten neu beschrieben, manche anhand von längst in Museumssammlungen vorhandenen Exemplaren, die meisten nach aktuellen Freilandbefunden. Für sie alle ist jeweils ein passender Name zu finden, der nach international vereinbarten und mit geradezu juristischer Akribie einzuhaltenden Regeln vom jeweiligen Entdecker vorgeschlagen wird. Die Benennung von Pflanzen, Algen und Pilzen erfolgt nach dem *International Code of Nomenclature for Algae, Fungi, and Plants* (abgekürzt ICN 2011). Die Benennung der Tiernamen regelt der *International Code of Zoological Nomenclature* (ICZN) von 1999. Auch für die Bakterien gibt es ein entsprechendes Regelwerk.

Alle Erstbeschreibungen werden von spezialisierten Forschungseinrichtungen gesichtet und gesammelt. Eine der bedeutendsten ist das International Institute for Species Exploration (IISE), das der State University of New York angegliedert ist. Dieses Institut veröffentlicht seit 2009 jedes Jahr eine Top-Ten-Liste der skurrilsten Neunamen, die zweifellos die besondere Fantasie der Erstbeschreiber widerspiegeln. Eine der nettesten Neubeschreibungen aus der jüngsten Zeit ist Tinkerbella, benannt nach der Fee aus dem Kindermärchen Peter Pan von James Matthew Barrie (1860–1937). Die in Costa Rica entdeckte *Tinkerbella nana* ist mit nur 0,25 mm Größe eines der kleinsten bisher bekannten flugfähigen Insekten.

Abendsegler – Rasanter Luftjäger am Abendhimmel

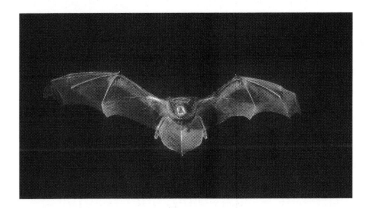

Sein deutscher Name ist durchaus passend, sein wissenschaftlicher klingt eher wie Poesie: Gemeint ist *Nyctalus noctula*, der Große Abendsegler, auch Frühfliegende Fledermaus genannt. Oft schon kurz nach Sonnenuntergang sind Abendsegler zu beobachten. Auf den ersten Blick könnte man sie mit jagenden Mauerseglern oder Schwalben verwechseln. Auf langen, schmalen Flügeln mit einer Spannweite von rund 40 cm verfolgen Abendsegler in schnellem, großräumigem Flug am freien Himmel, in und über Baumwipfelhöhe, über Wiesen und Gewässern Käfer, Nachtfalter oder Köcherfliegen. Beliebtes Abendseglerjagdrevier ist auch der Luftraum über großen asphaltierten Parkplätzen oder über Mülldeponien – Flächen also, über denen sich in der aufgewärmten Abendluft besonders viele Insekten aufhalten. Schnelle, rasante Sturzflüge gehören ebenfalls zum beeindruckenden Abendseglerflugprogramm, in dem sie zwischen raschen Flügelschlägen, bei denen sich ihre Flügel unter dem Körper fast berühren, auch Segelphasen einlegen. Neben der Spezies Großer Abendsegler gibt es bei uns noch den Kleinen Abendsegler, auf den Azoren den Azoren-Abendsegler und den Riesenabendsegler. Letzterer kommt vorwiegend in Südosteuropa vor, ist nirgendwo häufig und macht außer auf Insekten – völlig außergewöhnlich für europäische Fledermäuse – auch erfolgreich Jagd auf kleine Singvögel. Womit der Riesenabendsegler in die Luftjägerrolle kleiner Falken (Baumfalke, Merlin) schlüpft.

Blödauge – Nicht blöd, aber fast blind

Sicher ist es nicht gerade schmeichelhaft, Blödauge genannt zu werden. Wurmschlange ist der zweite deutsche Name für das etwa 30 cm lang werdende Reptil mit seinem runden, regenwurmartigen Körper; *Typhlops vermicularis* lautet seine wissenschaftliche Bezeichnung. Sein Gattungsname leitet sich aus dem griechischen *typhlos* = blind ab, wobei „blöd" im Sinne von schwach auf die unterentwickelten Augen der Wurmschlange hinweist. Sie teilt diese Eigenschaft mit allen Mitgliedern der Familie der *Typhlopidae*, der Blindschlangen. In Europa kommt das Blödauge auf dem Festland vom südlichen Balkan und der europäischen Türkei sowie auf vielen griechischen und türkischen Inseln vor. Mit der kleinen Mundöffnung an der Unterseite erbeutet diese hell- bis mittelgelbraun gefärbte, sehr gleichmäßig kleingeschuppte und porzellanartig glänzende Schlange nur kleine Spinnen, Ameisen, Insekten und deren Entwicklungsstadien. Fressfeinden und der Trockenheit entgeht sie durch ihr oft verstecktes Leben unter Steinen und im Boden. Bei feuchter Witterung suchen Wurmschlangen bevorzugt die Bodenoberfläche auf. Aktiv sind sie zur Dämmerung und in der Nacht. Durch Umdrehen flacher Steine vor allem im Frühjahr lassen sich diese völlig harmlosen und durchaus häufigen Tiere entdecken. Dann können wir die unscheinbaren, winzigen Augen auf der Kopfoberseite des Blödauges erkennen, die von einer schwach transparenten Schuppe, dem Augenlid, überwachsen sind.

Elefantenspitzmaus – In ihrer Größenklasse echt elefantös

Ein wenig erinnern sie an Karikaturen aus einem Trickfilm, die Elefantenspitzmäuse. Ihr „hervorragendes Merkmal" ist die lange und sehr bewegliche, an einen Elefantenrüssel erinnernde Nase. Elefantenspitzmäuse (Gattung *Elephantulus*) zählen keineswegs zur Ordnung der Insektenfresser, denen die Spitzmäuse als Familie angehören. Mit drei weiteren Gattungen bilden Elefantenspitzmäuse vielmehr die Ordnung der Rüsselspringer (*Macroscelidea*), einer stammesgeschichtlich sehr alten, auf Afrika beschränkten Säugetiergruppe. Dank moderner molekularer Technologien lassen sich heute Verwandtschaftsverhältnisse von Arten nachweisen, die kaum noch Ähnlichkeiten in ihrem Körperbau aufweisen. So wird aufgrund molekulargenetischer Erkenntnisse neuerdings die Bildung einer Überordnung der *Afrotheria* (afrikanische Säugetiere) vorgeschlagen, in der sich

Seekühe, Erdferkel, Goldmulle und Tanreks zusammen mit
Elefanten und Rüsselspringern als Verwandte wiederfinden.
Damit stehen die Elefantenspitzmäuse den Elefanten tatsächlich näher als den Spitzmäusen. Und noch eine Ähnlichkeit zwischen Rüsseltieren und Rüsselspringern ist vorhanden. Wie die grauen Riesen nutzen auch die Elefantenspitzmäuse in ihrem Revier ein Netz von Pfaden. Doch
während die afrikanischen Steppen- und Waldelefanten ihre Elefantenpfade einfach durch regelmäßiges Begehen offen halten, investieren die Elefantenspitzmäuse 20–40 % ihrer täglichen Aktivitätszeit in das „Wegkehren" von Blättern und Zweigen von ihren Pfaden. Wie saubere Kanäle
wirken Elefantenspitzmauspfade im „Dickicht" der Laub-
schicht. Das peinliche Sauberhalten macht Sinn. Im Gegensatz zu ihrer (weiteren) Riesenverwandtschaft haben Elefantenspitzmäuse viele Fressfeinde. Da bringt es Vorteile, wenn
man vor den flinken Verfolgern auf ausgetretenen Pfaden
ohne Stolperhindernisse schnell Reißaus nehmen kann.

Hallimasch – Der Pilz mit zuverlässiger Durchschlagskraft

Wenn sich an einem Baum die schnürsenkelgroßen Myzel-
stränge des Hallimaschs (*Armillaria mellea*) zeigen, ist das
Ende des betreffenden Gehölzes nahe oder zumindest be-
siegelt: Die Pilzfruchtkörper entwickeln sich gruppenweise
auf (vorerst noch) lebendem oder totem Holz. Bei der Wahl
der Wuchsunterlage sind sie übrigens nicht besonders wählerisch. Die dicht gedrängten, meist honigfarbenen Fruchtkörper drängeln sich auf Laub- ebenso wie auf Nadelholz.

Die meisten Pilzbücher bewerten den Hallimasch als Speisepilz. Angeblich sollen aber nur die auf Nadelholz gewachsenen Fruchtkörper (einigermaßen) genießbar sein, wobei in jedem Fall empfohlen wird, sie gründlich abzubrühen und den Sud wegzukippen. Ansonsten drohen Beschwerden im Magen-Darm-Bereich mit heftigen Durchfällen. Letztere beschreibt recht drastisch der Pilzname, den man üblicherweise als „Hölle im A ... " deutet.

Knurrhahn – Lautes aus der Welt der Stille

Meist ist es eine recht unliebsame Lautäußerung: Der Magen meldet sich knurrend, wenn er hungrig durchhängt, oder der unfreundliche Hofhund im Angesicht des na-

henden Postboten. Andererseits hat man auch schon von
Hähnen gehört, die frühmorgens noch vor der bürgerlichen
Weckzeit lauthals krähen und damit gegen die gesamte Nachbarschaft rebellieren. Aber Hähne, die knurren?
Knurrhähne sind weder Hahn noch Hund, sondern erstaunlicherweise Fische, genauer eine ganze Fischfamilie
mit weltweit etwa 100 Arten. In Nordsee und Mittelmeer
ist davon der Rote Knurrhahn (*Trigla lucerna*) ziemlich
häufig. Drei Dinge sind an diesen Tieren bemerkenswert:
Sie können mithilfe besonderer Muskeln ihre luftgefüllte
Schwimmblase aktiv vibrieren lassen. Die so erzeugten Töne
hören sich ähnlich schnarrend an, wie wenn man mit den
Fingern über einen prallen Luftballon fährt. Solche Knurr-
hahnrufe vernimmt man vor allem zur Fortpflanzungszeit
der Tiere. Offenbar dienen sie der Zusammenführung der

Paarungspartner. Außerdem schillern ihre Brustflossen bunt wie die Federn eines stolzierenden Gockels – was den bemerkenswerten Vogelnamen des Fisches erklärt. Schließlich sind bei den Knurrhähnen die ersten drei Strahlen der Brustflosse frei und unabhängig zu bewegen. Die Fische können damit also nicht nur auf dem Meeresboden umherstaksen, sondern auch tasten und sogar schmecken, denn die Flossenstrahlspitzen sind mit empfindlichen Sinneszellen ausgerüstet.

Krötenkopf – Lurch oder Kriechtier?

Wegen der Hautlappen in den Mundwinkeln, die bei Erregung vorgeklappt werden und dann einem Backenbart ähneln, erhielt die Agamenart *Phrynocephalus mysticens* ihren Namen „Bärtiger Krötenkopf". In Europa kommt die mit 24 cm Gesamtlänge größte Art ihrer Gattung nordwestlich des Kaspischen Meeres vor. Vor allem Sicheldünen und andere lockersandige Flächen sind ihr Lebensraum. Als Schlupfwinkel und Winterquartiere bezieht sie selbst gegrabene Höhlen. Ihr Lebensraum wird für die Bärtigen Krötenköpfe selbst dann zum Vorteil, wenn bei Gefahr oder vor großer Sommerhitze ein schnelles „Untertauchen" nötig wird. Dann rütteln sich die Tiere häufig mittels schneller seitlicher Bewegungen sehr rasch in den lockeren Sandboden ein.

Mannsblut – Kein wertvoller Tropfen

Nein – es geht nicht um scharfe Mensur oder vergleichbares Schlachtgetümmel, sondern um einen rundweg harmlosen Zierstrauch, das Blut-Johanniskraut (*Hypericum androsaemum*). Die wörtliche Übersetzung des Artnamenzusatzes (zusammengezogen aus den griechischen Wörtern *andros* = Mann und *haima* = Blut) führte zur klinisch klingenden Bezeichnung, die auch in gärtnerischen Kreisen weitverbreitet ist. Die dekorative Art ist ein immergrüner, bis etwa 80 cm hoher Strauch mit großen gelben Blüten und anfangs rötlicher, in der Reife glänzend schwarzer Beere, in der reichlich gefärbter Saft enthalten ist. Mannsblut kommt in West- und Südeuropa vor und eignet sich bei uns nur für Gärten in sehr wintermilden Lagen. Im Unterschied zum heimischen Tüpfel-Johanniskraut (*Hypericum perforatum*) wird diese Art aber nicht medizinisch genutzt.

Mistbiene – Vorliebe für Anrüchiges

„Du Mistbiene" hat schon mancher gedacht oder gar ausgerufen, dabei aber ein aufrecht gehendes, zweibeiniges (meist weibliches) Wesen und nicht etwa ein geflügeltes Objekt gemeint. Sie existiert tatsächlich, die Mistbiene (*Eristalis tenax*). Bei der „Echten" handelt es sich um eine sehr bienenähnliche Schwebfliege, die dunkelbraun gefärbt und mit zwei großen, gelbroten Flecken an den Seiten ihres zweiten Hinterleibssegmentes verziert ist. Von allen heimischen Schwebfliegenarten ist die Mistbiene wohl die häufigste. Als regelmäßige Blütenbesucher tauchen Mistbienen überall dort auf, wo gerade etwas heftig blüht. Dass sie als Einzige unter den heimischen Schwebfliegen einen Volksnamen tragen, ist ein eher zweifelhaftes Privileg. Bei der ausgeprägten Vorliebe für Anrüchiges ist der Name „Mistbiene" dennoch überaus passend. Weibliche Mistbienen werden nämlich von Misthaufen und Jauchegruben geradezu magisch angezogen. Stinkende Wasseransammlungen sind die idealen Entwicklungsorte der Mistbienenlarven. In einem dreckigen, stinkenden Milieu, in dem kaum noch andere Tiere existieren können, leben die Larven, indem sie mit ihren strudelnden Mundwerkzeugen die schwimmenden und durchaus zahlreichen Nahrungsteilchen herbeifördern. Zum Atmen haben Mistbienenlarven eine spezielle und bemerkenswerte technische Innovation entwickelt, die ihnen den Namen „Rattenschwanzlarve" einbrachte. Am Hinter-

ende der etwa 2 cm langen, weißlichen Larve befindet sich
ein Atemrohr, das aus drei ineinandergeschobenen Teilen
besteht und teleskopartig bis auf 10 cm Länge ausgefah-
ren werden kann. Wenn dann die lange Röhre mit den
beiden Atemöffnungen am Ende an der Wasseroberfläche
liegt, besser aus der Jauchebrühe herausschaut, erinnert
das Organ schon frappierend an einen Rattenschwanz.
Acht Borsten am Ende der Atemröhre, die sich auf das
Oberflächenhäutchen der Pfütze legen, schützen die beiden
Atemöffnungen vor Benetzung. Zur Verpuppung verlässt
die „Rattenschwanzlarve" auf sieben Paar Kriechhöckern
ihr „Wasser", um sich an einem verborgenen Ort in der
Nachbarschaft zur Mistbiene zu verwandeln. Wenn die
Rattenschwänze ihr Nährgewässer verlassen haben, ist es
sauberer als zuvor. Durch Filtern der schmutzigen, nähr-
stoffreichen Brühe haben sie nämlich zur Abwässerklärung
beigetragen. Womit „Mistbiene" weniger beleidigend als
eher ein Beitrag zum Umweltschutz wäre.

Murmeltier – Sie murmeln, pfeifen und quietschen nicht

Unsere größten heimischen Nager – sie werden immerhin
bis 8 kg schwer – sind die Murmeltiere. Diese Tiere leben in
den Alpen oberhalb der Baumregion und in kleinen Gruppen auch in den Pyrenäen und Karpaten. Den eisigen Berg-
winter verbringen die Tiere im Winterschlaf – ganze sieben
Monate lang. Schlafen wie ein Murmeltier ist insofern ein
eindeutiger Vergleich.

Murmeltiere leben in ausgedehnten Siedlungen. Wenn ihnen etwas nicht ganz geheuer vorkommt, warnen sie ihre Nachbarn mit einem scharfen Signal – und sofort ist die gesamte Mannschaft unter Deck. Was sich wie ein Pfiff anhört, ist tatsächlich ein schriller Schrei, denn er entsteht nicht zwischen den Zähnen, sondern in der Kehle. Murmeln hat man die Murmeltiere aber noch nie gehört. Der schon im Althochdeutschen nachweisbare Name *muremunto* geht zurück auf die noch ältere lateinische Bezeichnung *mus montis* = Bergmaus, und deren Akkusativform *murem monti* hat sich im Neuhochdeutschen zum Namensbestandteil Murmel verschliffen.

Renner und Läufer – Äußerst agil, aber keine Leichtathleten

Ganz genau heißen sie Schneller Wüstenrenner (*Eremias velox*), Steppenrenner (*Eremias arguta*), Algerischer Sandläufer (*Psammodromus algirus*) und Karstläufer (*Podarcis melisellensis*). Alle vier Arten gehören zu den Echten Eidechsen und kommen zumindest randständig in Europa vor. Ihre sehr schnelle Fortbewegung in Verbindung mit ihren bevorzugten Lebensräumen gab ihnen ihre Namen. So ist der Artname „*velox*" des Schnellen Wüstenrenners lateinisch, was „schnell, rasch, gewandt" bedeutet. Der Schnelle Wüstenrenner lebt vorzugsweise auf harten Sand- und Kiesböden. Während der Paarungszeit führen die Männchen äußerst heftige Kämpfe aus. Selbst die Weibchen werden von den aggressiven Männchen attackiert. Lediglich flüchtige Jungtiere bleiben unbehelligt, wenn sie beim Wegrennen den Schwanz anheben und so dessen rote Unterseite sichtbar wird – gleichsam eine Art Roter Karte.

Steppenrenner wiederum kommen in ihrem europäischen Arealteil auf dem Sanduntergrund von Flusstälern mit spärlicher Vegetation, auf Binnendünen und den Sandstränden und Dünen der Schwarzmeerküste vor. Obwohl der lateinische Namenszusatz *algirus* = algerisch auf sein Vorkommen in Nordafrika verweist, ist der Algerische Sandläufer auf der Iberischen Halbinsel bis nach Frankreich entlang der mediterranen Küste bis zur Rhône verbreitet. Die Art nutzt unterschiedliche Landschaften, wobei ausreichende Deckung und Schlupfwinkel ein Muss sind.

Als Besonderheit unterscheiden sich die *Psammodromus*-Arten von den anderen europäischen Eidechsen: Wenn die Tiere ergriffen werden, ist ein lang gezogenes Quieken zu hören.

Der Name Karstläufer weist auf das Vorkommen dieser Mauereidechsenart in den Karstgebieten hin. Ihr Zweitname Adriatische Mauereidechse bezieht sich auf ihr Vorkommensgebiet an der (östlichen) Adriaküste. Der wissenschaftliche Artnamenzusatz *melisellensis* wiederum bezieht sich auf das Vorkommen auf der kleinen Insel Melisello (= Brusnik) vor der kroatischen Adriaküste. Dort leben übrigens sehr dunkle Individuen, bei denen aber immer noch das Zeichnungsmuster erkennbar ist. „Üblicherweise" sind Karstläufer hellbraun mit grün gefärbtem Rücken. Sie besiedeln trockene, steinige Lebensräume unterschiedlichster Ausprägung.

Rindergämse – Die Wiedergeburt des Goldenen Vlieses

„Es war die Wiedergeburt des Goldenen Vlieses … ", beschreibt der Zoologe H. S. Wallace 1913 seine Begegnung mit den Rindergämsen oder Takins im chinesischen Singlinschan-Gebirge, um fortzufahren: „… Im Sonnenschein sind die Bullen auffällig goldgelb … die Kühe silbrig im Ton … vorn fallen der tief getragene Kopf, das ‚Büffelgehörn' und die Ramsnase auf. Von hinten erscheinen die schwer gebauten Tiere mit ihren kurzen Beinen und dem im langen Fell verschwindenden Schwanz wie gewaltige Teddy-

bären … ", die … „… im Angriff und auf der Flucht … die
sturmhafte Geschwindigkeit des Nashorns erreichen … ".
Soweit die anschauliche Beschreibung eines Tieres, dessen
Namen Rindergämse oder Gnuziege schon erahnen lassen,
dass dieser Hornträger den Zoologen Schwierigkeiten bei
der Einordnung in ihr System bereitete. Neuerdings wird
der Takin (*Budorcas taxicolor*) mit dem Moschusochsen
(*Ovibos monachus*) in die Gattungsgruppe der Schafochsen
(*Tribus Ovibonini*) gestellt. Beide sind riesige, gämsenähnli-

che Arten, die in Anpassung an ihre arktischen oder alpinen Lebensräume in dichtem, zotteligem Fell mit schwerem, gedrungenem Körper und auf kurzen, kräftigen Beinen daherkommen. Ihre gebogenen Hörner sind länger als die der Gattungsgruppe der Gämseartigen, aber kürzer als bei den Ziegenartigen. Sie eignen sich besonders für Frontalangriffe der Kraftprotze. Rindergämsen leben standorttreu und meist gesellig in den steil zerklüfteten alpinen Bambuswäldern in West-China, Bhutan und Myanmar. Am ganzen Körper sondern die Takins ein stark riechendes, öliges Sekret ab. Je nach Unterart ist ihr Fell von Braunrot über Weiß- bis Goldgelb gefärbt. Wenn dann ein einzelgängerischer Rindergämsenbulle in goldgelbem Fell phantomhaft aus dem Bambusdschungel tritt, wird die Legende vom Goldenen Vlies wieder lebendig.

Schmutzgeier – Wieso eigentlich schmutzig?

Die zweite Hälfte des Namens von Schmutzgeier und seinen Verwandten stammt aus dem Althochdeutschen „giri" und bedeutet „gierig". Als substantiviertes Adjektiv wurde „giri" zu gir-a(n), giir und gir. Und noch heute vergleicht man besonders gierige Menschen mit Geiern (Raffgeier). Wer einmal einen ganzen Trupp von Geiern, oft verschiedene Arten, am Aas beobachtet hat, spürt förmlich die Gier dieser Vögel nach ihrem Anteil an dem seltenen, oft lang ersegelten Fund. Wenn auch aus seuchenhygienisch-ökologischen Gründen äußerst verdienstvoll, ist die Geiertätigkeit allemal ein ziemlich schmutziges Handwerk. Warum soll dann einzig der mit nur 170 cm Flügelspannweite bei Weitem kleinste Vertreter unter den Geiern Europas ein Schmutzgeier sein? *Neophron percnopterus* wirkt aus der Ferne mit seinen schwarz-weißen Flügeln eher weißstorch-ähnlich. Weil man ihn im 16. Jahrhundert, wenn auch sehr selten, noch in den südlichen Kantonen der Schweiz finden konnte, nannte man ihn wegen seiner weißstorch-ähnlichen Flügelfärbung auch „Bergstorck". Von Nahem sieht sein cremefarbiges Gefieder eher schmutzig weiß aus. Diese Notierung kommt auch im griechischen Artnamen *percnopterus* = dunkelfleckig zum Ausdruck. Neben dem Verzehren von Aas erbeuten Schmutzgeier auch Kleintie-re. Außerdem gehören sie zu den wenigen Vogelarten mit Werkzeuggebrauch: Um dickschalige Eier aufzuschlagen, suchen sich Schmutzgeier einen passenden Stein, den sie mit ihrem Schnabel aufnehmen, um damit wie mit einem Hammer die Eischale zu zertrümmern.

Schneckenkanker – Der Weberknecht mit langen Scheren

Gar nicht so schlank wie manch anderer aus der Sippe, tiefschwarz gefärbt und mit riesigen, mehr als körperlangen Scheren ausgestattet ist der Schneckenkanker (*Ischyropsalis hellwigi*). Er lebt in naturnahen, feuchten Laub- und Nadelwäldern. Weil er sich am Boden unter Fallholz oder Steinen versteckt, ist der Schneckenkanker nicht leicht zu entdecken. Dort macht er vorzugsweise Jagd auf Gehäuseschnecken, die er mit einer Schere am Mündungsrand der Schale packt, um mit der anderen die Schneckenschale stückweise aufzubrechen. So kann der Schneckenkanker immer weitere Nahrungsbrocken vom Weichkörper seiner Beute abschneiden. Der Name „Kanker" ist die andere Bezeichnung für Weberknechte. Wer einen von diesen Langbeinern schon einmal fangen wollte, konnte feststellen, dass er ein zuckendes Bein, nicht aber das wegeilende Tier in der Hand zurückbehielt. Mit diesem Trick gelingt es den Kankern, unter Verlust einer Extremität, die übrigens nicht regeneriert werden kann, Feinden erfolgreich zu entfliehen.

Siebenschläfer – Rekordhalter unter den Langschläfern

Alle heimischen Mitglieder unserer Bilche oder Schläfer (*Gliridae*), einer Nagetierfamilie, sind ausgesprochene Langschläfer. Den Winterschlafrekord unter seinen Verwandten Garten-, Baumschläfer und Haselmaus hält

unangefochten der Siebenschläfer. Er bettet sich schon im September/Oktober zur Ruhe, um tatsächlich erst im Mai/Juni wieder aufzuwachen. Weil sieben Monate am Stück sein Schlafminimum sind, trägt der Siebenschläfer seinen Namen zu Recht. Wenn der eichhörnchenähnliche, graue Geselle mit buschigem Schwanz und großen, dunklen Knopfaugen erst einmal wach ist, wird aus ihm aber ganz und gar kein Leisetreter. Viele Tätigkeiten der geselligen, ausschließlich dämmerungs- und nachtaktiven Siebenschläfer werden von ihren Quiek- und Pfeiflauten, von Zähnerattern, zwitschernden Rufen und „Drohsurren" begleitet. Ihre Nahrungspalette reicht von pflanzlicher Kost über Insekten bis hin zu Vogeleiern und -nestlingen. Vor dem nächsten Schlafrekord fressen sich Siebenschläfer eine gehörige Speckschicht an und können dabei ihr

Ausgangsgewicht leicht verdoppeln. Weil sie (angeblich) so gut schmecken, wurden Siebenschläfer (*Glis glis*) von den Römern in „Gliarien" gehalten und wie Hausschweinchen gemästet. So endete manch einer der Langschläfer auf einer römischen Tafel.

Sonnengucker – Ein echter Sonnenanbeter

Das ist *Phrynocephalus helioscopus* in der Tat. Die europäischen Vorkommen dieser kleinen Agamenart von etwa 12 cm Gesamtlänge liegen am Unterlauf des Urals in Kasachstan und der unteren Wolga in Russland. Trockene Steppengebiete mit hartem, steinigem Untergrund sind ihr Lebensraum. Gut getarnt, da Färbung und Zeichnung oft dem Untergrund entsprechen, lassen sich die Tiere trotz ihrer ausgiebigen Sonnenbäder nur durch längeres, geduldiges Beobachten entdecken. Selbst bei Gefahr flieht ein kleiner Sonnenanbeter nicht unbedingt, sondern drückt sich häufig nur an den Boden.

Sonnentierchen – Sie strahlen, aber leuchten nicht

Der niederländische Maler Hieronymus Bosch (1450–1516), der seine Bilder mit allerhand absonderlichen Fabelwesen garnierte, hätte bestimmt seine Freude daran gehabt, im Mikroskop einmal eine Wasserprobe aus dem

Gartenteich anzuschauen. Mengenweise wären ihm dabei skurrile Motive begegnet. Leider war zu seinen Lebzeiten das Mikroskop aber noch nicht erfunden. Dazu leistete erst deutlich später sein Landsmann, der erfolgreiche Delfter Tuchhändler Anthoni van Leeuwenhoek (1632–1723), einen wesentlichen Beitrag.

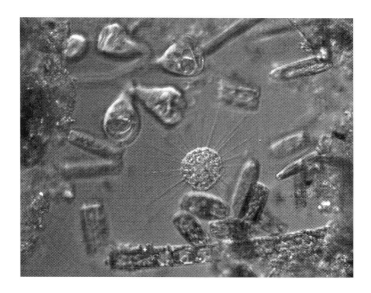

Wenig an den kleinen Wasserlebewesen erinnert an die Formen aus der vertrauten Welt – so auch die wie winzige Stachelkugeln aussehenden Sonnentierchen. Sie sind einzellig und so klein, dass etwa 20 von ihnen die Länge von 1 mm ergeben. Auffallendes Kennzeichen sind ihre zahlreichen und nadeldünnen Zellfortsätze, die tatsächlich so angeordnet sind, wie Kinder eine strahlende Sonne malen. Daher gab man diesen winzigen Wasserbewohnern den Namen Sonnentierchen oder Heliozoen. Die Strahlen verleihen den Zellen Halt und lassen sie im Wasser schweben. Manche Arten rollen damit über Blätter und Stängel von Wasserpflanzen, wobei die Strahlen mit Grundberührung an den Enden jeweils einknicken. Auch in Ihren Blumentöpfen könnten ein paar Tausend dieser Minisonnen untergegangen sein, denn einige Arten mit kurzen Strahlen sind Bodenbewohner.

Spinner – Kein Fall für die Psychiatrie

Hier geht es nicht um Hirngespinste, sondern die Produkte aus Spinndrüsen. Eine aus unterschiedlichen Schmetterlingsfamilien zusammengesetzte Gruppe von Faltern wird in der etablierten biologischen Systematik tatsächlich Spinner genannt. Die Falter fallen meist durch dicke, kräftige, oft stark behaarte Körper, breitflächige Flügel und einen langsamen Flug ins Auge. Bei manchen Arten fliegen die Weibchen überhaupt nicht, oder ihre Flügel sind sogar stark zurückgebildet. Wichtigste Spinnerfamilien sind die Schadspinner, Prozessionsspinner, Glucken, Nachtpfauenaugen und Zahnspinner. Auch Sichelflügler und Eulenspinner gehören dazu. Und kräftig spinnen tun sie alle. Die Raupen mancher Arten leben in schützenden Gemeinschaftsgespinsten („Raupennester") zusammen. Andere schützen ihre Puppen mit festen Gespinstkokons. Eine Besonderheit ist der bemerkenswerte Reusenkokon des Kleinen Nachtpfauenauges. Nur nach außen passierbar, verwehrt er Eindringlingen wirksam den Zugang.

Unglückshäher – Unheilvoller Umhersammler?

Als Rabenvogel ist der nur etwa wacholderdrosselgroße, graubraune Häher mit seiner Rosttönung im Flügelbugbereich, an Bürzel und an den meisten Federn des langen, gestuften Schwanzes recht attraktiv. Dennoch haftet ihm seit alters her der Ruf eines Unglücksvogels an, was sich in seinem deutschen wie im wissenschaftlichen Artnamenzusatz (lateinisch *infaustus* = unheilvoll) widerspiegelt. *Perisoreus infaustus*, der unheilvolle Umhersammler, ist sein kompletter Name. Der Tribut, den Unglückshäher an ihre raue, oft unwirtliche nordische Waldheimat entrichten müssen, führte wahrscheinlich zu ihrem schlechten Ruf. Ständig auf der Suche nach Nahrung, vor allem Raupen und Käfern, die sie als Wintervorräte in Spalten von Baumrinde oder hinter Flechten im Geäst verstecken, ziehen die kleinen Umhersammler ziemlich ruhelos durch ihr Revier. Wenn sie plötzlich lautlos und unerwartet Wanderern in der Taiga erschienen und dann noch ohne Scheu deren Vorräte inspizierten, wurde dies gerne als unheilvolle Begegnung gewertet. Was bleibt den Unglückshähern aber anders übrig? Selbst weiche Niststoffe, die sie beim Umherstreifen zufällig finden, sind ihnen für die spätere Isolierung ihres Nestes so wichtig, dass auch sie von diesen Lumpensammlern in Verstecken deponiert werden.

Vielfraß – Eigentlich ist er gar keiner

Zwar ist der „Bärenmarder", so die Umschreibung des mit bis zu 25 kg größten Marders in Europa, bei nordischen Völkern nicht gerade beliebt. Auf seinen weiten Streifzügen durch die nördliche Taiga, Tundra und Nadelwaldregion plündert *Gulo gulo* nämlich schon mal Köder oder Fänge aus ihren Fallen, macht sich in den Blockhütten über Vorräte her und vergreift sich selbst einmal an Ren- oder anderen Haustieren. Dennoch ist er kein Vielfraß. Sein eingeführter Name kommt schlicht durch einen Übersetzungsfehler zustande. Im Schwedischen *fjellfraß* = Felsenkatze, im Norwegischen *fjeldfross* = Bergkater genannt, übersetzte man *fjell* mit viel und *fraß* schlicht mit fressen. Für das raue Leben ist der „Bergkater" bestens gerüstet: Er besitzt dunkelbraunes, sehr dichtes Fell, einen buschigen Schwanz, dicke, stark bekrallte Pfoten sowie ein kräftiges Gebiss und ist vor allem sehr ausdauernd. Wählerisch darf man nicht sein, und ein Vielfraß erst recht nicht, wenn man im hohen Norden überleben will.

Wachsrose – Vielarmig auf Nahrungserwerb

Modellbildungen leisten überall dort willkommene Übersetzung, schaffen Vereinfachung und erleichtern Begreifbarkeit, wo das Original in seinen wichtigsten Struktur- und Funktionsbeziehungen nicht direkt erfassbar ist. Oft verkleinert das veranschaulichende Modell dabei den Abbildungsmaßstab. In den Naturwissenschaften ist es dagegen häufiger erforderlich, die Maßstabsverhältnisse umzukehren. Chemiker vergrößern beispielsweise die atomaren Bausteine der Materie stark vereinfachend und über mehrere Zehnerpotenzen hinweg zu verschiedenfarbigen Kugeln und stecken daraus bunte Raummodelle von Makromolekülen zusammen. Für den Biologieunterricht hat fast jeder Lehrmittelanbieter überdimensioniert vergrößerte Blütenmodelle und andere vollplastische Wiedergaben organismischer Baupläne im Programm.

Der gewerbliche Dekokitsch kennt keine Grenzen: Es gibt – selbst in Supermärkten – Plastikhummer und Seesterne aus Pappmaschee oder PVC für den Partykeller sowie alle möglichen Nachbildungen von Blüten und Blumen, von der eleganten Christrose über den voll erblühten Fliederzweig bis hin zum eindrucksvollen *Amaryllis*-Blütenstand mit Farbstellungen irgendwo zwischen Schneeweiß und tiefem Dunkelrot. Wenn es die natürlichen Ressourcen schont, sind solche artifiziellen (und oft erstaunlich gelungenen) Nachbildungen vielleicht gar nicht so schlecht.

Und was ist nun mit der Wachsrose? Vor dem Zeitalter der Plaste und Elaste fertigte man dauerhafte Modelle für Demonstrationszwecke häufig aus Wachs – dem einzigen lange Zeit verfügbaren Werkstoff, der vergleichsweise einfach zu modellieren war.

Eine Ausnahme bildet der in dieser Aufgabenstellung meist nicht unbedingt wahrgenommene und tatsächlich nicht allzu häufig eingesetzte Werkstoff Glas. Doch es gibt hervorhebenswerte Ausnahmen.

Schon rein äußerlich betrachtet erscheint das 1890 erbaute Gebäude des Botanischen Museums der berühmten Harvard-Universität in Cambridge (Massachusetts) wie ein hehrer Tempel der Wissenschaft. Es ist Bestandteil von fast zwei Dutzend universitätseigenen Kunst- und Wissenschaftsmuseen mit herausragend bestückten Spezialsammlungen, wie sie keine andere Universität der Welt in dieser Bandbreite bieten kann. Die heutige Ausstellung des Botanischen Museums dieser Institution beherbergt einen weltweit einzigartigen Schatz – die unvergleichliche, jedoch außerhalb von Harvard erstaunlicherweise nur wenig bekannte Kollektion gläserner Pflanzenmodelle (*Ware Collection of Glass Models of Plants*), die man in Boston und Cambridge vereinfachend nur als „The Glassflowers" zitiert. Diese fragilen Objekte, die eigens in klimatisierten Vitrinen aufbewahrt werden, sind das Lebenswerk zweier sächsischer Glaskünstler, nämlich von Leopold Blaschka (1822–1895) und seinem Sohn Rudolf (1857–1939). Der Familienbetrieb bestand in Dresden-Hosterwitz bis 1939. Ihr gläsernes Pflanzenanschauungswerk ist heute der unumstrittene Glanzpunkt dieses Museums.

Die schon 1858 gegründete, ursprünglich „Museum pflanzlicher Produkte" genannte botanische Sammlung erhielt ihre erste und nach zeitgenössischem Urteil eher erratische Basisausstattung mit Exponaten von Sir William Hooker, dem damaligen Direktor der Königlichen Botanischen Gärten in Kew bei London.

Erst George L. Goodale, rühriger Museumsdirektor in Harvard, unternahm einen planvollen Auf- und Ausbau der Sammlungen. Entsprechend dem Dokumentationsauftrag des Hauses suchte er nach attraktiven Ausstellungsstücken, an denen sich der Bauplan wichtiger (Nutz-)Pflanzen in allen drei Dimensionen des Raumes nachvollziehen ließ. Stapel von Herbarbögen mit geplätteten bzw. verblichenen Pflanzenteilen schienen ihm ein wenig taugliches Mittel und für den anschaulichen botanischen Unterricht völlig ungeeignet. Auch die damals üblichen Wachsmodelle oder die verbreiteten, aber eher unbeholfenen Darstellungsversuche in Pappmaschee waren für ihn keine annehmbare Lösung. Da fielen ihm in der benachbarten zoologischen Sammlung, die der renommierte Louis Agassiz (1807–1873) im Jahre 1859 (unter anderem für seine eigene berühmte Arachnidensammlung) gegründet hatte, die Glasmodelle wirbelloser Meerestiere auf, die aus der Werkstatt Blaschka in Dresden stammten.

Der Glasbläser Leopold Blaschka war ein besonders von wirbellosen Meerestieren faszinierter Künstler. Leicht schmelzbares, verschiedenfarbiges und nach der Ausformung mit Proteinfarben bemaltes Glas war zu seiner Zeit, in der die heute allenthalben verwendeten Thermoplaste noch nicht zur Verfügung standen, das Material der Wahl schlechthin für plastisches Arbeiten bei genügender Detailtreue und unter Einhaltung der erforderlichen Maßstäblichkeit. Glas ist insofern zwar ein wunderbarer Werkstoff und bei sachgemäßer Behandlung auch hinreichend haltbar, aber in der technischen Handhabung ziemlich schwierig. Bereits im Jahre 1863 erhielt das Atelier Blaschka einen ersten größeren Auftrag zur Fertigung einer Anzahl von Tiermodellen für das Dresdner Naturkundemuseum. Auch die Wachsrose (*Anemonia viridis*) befindet sich in dieser Auswahl.

Wachsrosen sind demnach unzweifelhaft und trotz ihres irreführenden Namens wirkliche Tiere. Sie sind Mitglieder der in der zoologischen Systematik bis heute sogenannten Klasse *Anthozoa* (wörtlich: Blumentiere), zu denen in der in der Nordsee heimischen Fauna auch Seedahlien, Seenelken oder Seerosen gehören. Wachsrosen sind vom Ärmelkanal an westwärts verbreitet. Sie zeichnen sich durch eine bemerkenswerte biologische Besonderheit aus: Ihre bräunlichen Fangarme (Tentakeln) beherbergen in den inneren Zellschichten Millionen einzelliger Algen der Gattung *Symbiodinium* (Klasse *Dinophyceae*), die ihren Wirt ständig und stetig mit ihren Fotosyntheseprodukten supplementieren. Unter optimalen Bedingungen kann *Anemonia viridis* sogar auf den eigenen Beutefang gänzlich verzichten.

Wasser-, Teich- und Bachläufer – Wandeln auf dem Wasser

Wir haben sie alle schon mal gesehen. Kleine Insekten, die besonders an warmen Sommerabenden in großer Vielzahl auf Teichen und größeren Pfützen mit ihren langen Beinen auf der Wasseroberfläche umherhuschen, als ob sie tanzen würden. Es sind knapp 1 bis fast 2 cm große, schlanke bis sehr dünne Insekten, deren dichte, wasserabstoßende Behaarung an der Unterseite ihrer Beine ein Einsinken verhindert. Wasser-, Teich- und Bachläufer zählen allesamt zu den Wanzen. Nicht zum Tanzvergnügen, sondern zum Nahrungserwerb gehen sie aufs Wasser. Wenn ein Wasserläufer der Gattung *Gerris* dies tut, breitet er seine weit über körperlangen Mittel- und Hinterbeine kreuzweise auf dem Wasserspiegel aus. Die kürzeren Vorderbeine bleiben angewinkelt. Mit kurzen, schnellen Schlägen der Mittelbeine sich vorwärts bewegend registriert der gut entwickelte Erschütterungssinn des Wassertreters leichteste Bewegungen auf der Wasseroberfläche. Dorthin treibt es ihn, um ein ins Wasser gefallenes Insekt mit den Vorderbeinen zu packen und anschließend zu verzehren. Der Teichläufer (*Hydrometra stagnorum*) hat einen stabförmig schmalen Körper, einen lang gezogenen Kopf und sehr dünne Beine. Zum Ausruhen hält er sich am Ufer stehender oder langsam fließender Gewässer unter Steinen oder im Graspolster auf. Bei seiner Wasserjagd ergreift der Teichläufer nicht nur frisch ins Wasser gefallene Insekten, sondern findet mithilfe seines Geruchssinns auch bereits verendete Tiere. Der Bachläufer (*Velia caprai*) schließlich ist viel kräftiger als die Wasser- und Teichläufer gebaut und bewegt sich auf kurzen, kräftigen, stets angewinkelten Beinen. Schmale Fließgewässer sind sein Jagdrevier, die von dem kälteresistenten Jäger sogar im Winter, so lange sie eisfrei sind, genutzt werden. Als Lauerjäger hält der Bachläufer vom Ufer aus nach vorbei treibender Beute Ausschau, um sich dann aus dem Hinterhalt auf sie zu stürzen.

Zilpzalp – Für Kenner eindeutig

Bedeutend kleiner ist er als ein Sperling. Oberseits olivgrün und unterseits schmutzig weiß. Vom nahe verwandten Fitis ist dieser bei uns weitverbreitete Vogel aus der Zweigsänger-familie im Freien praktisch nur durch seinen Gesang zu unterscheiden. Während der Fitis (*Phylloscopus trochilus*) wehmütig, schmachtend, in hellen Tönen dahinfließend singt, und seine Rufe ein weiches „Hü-it" sind, beginnt *Phylloscopus collybita* oft mit einem harten „Tret tret . . .", um in einer Reihe zusammengesetzter Silben „zilp zalp zalp zilp zilp zalp . . ." weiter zu singen, die ihm seinen Namen einbrachten. Aus Baumkronen unterholzreicher Wälder, Gärten und Parks kann man den Zilpzalp „zilpzalpen" hören.

Zorilla – Durch Verwechslung zum Stinktier

Soviel man mit dem Artnamen „Gorilla" verbindet, so wenig können die meisten mit „Zorilla" etwas anfangen. Immerhin leben aber beide Tierarten ausschließlich in Afrika. Wobei es sich bei der Letzteren um den Bandiltis (*Ictonyx striatus*) handelt. Das zu den Wieselartigen zählende, nachtaktive Kleinraubtier ähnelt mit seinen weißen, bandartigen Streifen dem mittelamerikanischen Stinktier (Gattung *Sphilogale*), das im Spanischen „Zorilla" heißt. Wegen dieser Verwechslung, wahrscheinlich durch einen herumreisenden Naturkundler, dem der „echte" Zorilla von Mittelamerika her bekannt war, hat der afrikanische Bandiltis seinen Namen Zorilla weg.

Auflösung des Wissenstests

Vergleiche Tab. 1 in der „Umschau" am Buchanfang.

Deutscher Name	Wissenschaftlicher Name	… ist ein(e)
Ameisenjungfer	*Myrmeleon formicarius*	Netzflügler
Bienenwolf	*Trichodes apiarius*	Käfer
Blumenbock	*Clytus arietis*	Schmetterling
Brauner Mönch	*Shargacucullina verbasci*	Schmetterling
Eisvogel	*Limenitis camilla*	Schmetterling
Federgeistchen	*Pterophorus pentadactylus*	Schmetterling
Flechtenbär	*Atolmis rubricollis*	Schmetterling
Goldafter	*Euproctis chrysorrhoea*	Schmetterling
Grasglucke	*Euthrix potatoria*	Schmetterling
Haselblattroller	*Apoderus coryli*	Käfer
Kupferglucke	*Gastropacha quercifolia*	Schmetterling
Lappenrüssler	*Otiorhynchus sulcatus*	Käfer
Laternenträger	*Dictyophara europaea*	Zikade
Lilienhähnchen	*Lilioceris lilii*	Käfer
Mauerfuchs	*Lasiommata megaera*	Schmetterling
Mondvogel	*Phalera buccephala*	Schmetterling
Ochsenauge	*Maniola jurtina*	Schmetterling
Regenbremse	*Haematopota pluvialis*	Zweiflügler
Saftkugler	*Glomeris marginata*	Doppelfüßer
Taubenschwänzchen	*Macroglossum stellatarum*	Schmetterling
Thymianwidderchen	*Zygaena purpuralis*	Schmetterling
Totengräber	*Necrophorus vespilloides*	Käfer
Warzenbeißer	*Decticus verrucivorus*	Laubheu-schrecke
Zackeneule	*Scoliopteryx libatrix*	Schmetterling

© Springer-Verlag Berlin Heidelberg 2016
B. P. Kremer und K. Richarz, *Was alles hinter Namen steckt*,
DOI 10.1007/978-3-662-49570-4

Literatur

Bellmann H (2003) Der neue Kosmos-Schmetterlingsführer. Franckh-Kosmos, Stuttgart

Carl H (1995) Die deutschen Pflanzen- und Tiernamen. Deutung und sprachliche Ordnung. Quelle & Meyer, Wiesbaden

Düll R, Kutzelnigg H (2011) Taschenlexikon der Pflanzen Deutschlands und angrenzender Länder. Quelle & Meyer, Wiebelsheim

Gattiker E, Gattiker L (1989) Die Vögel im Volksglauben. Aula, Wiesbaden

Genaust H (1996) Etymologisches Wörterbuch der botanischen Pflanzennamen. Birkhäuser, Basel

Glandt D (2010) Taschenlexikon der Amphibien und Reptilien Europas. Alle Arten von den Kanarischen Inseln bis zum Ural. Quelle & Meyer, Wiebelsheim

Haag S (2010) Liebeskraut und Zauberpflanzen. Mythen, Aberglauben, heutiges Wissen. Franckh-Kosmos, Stuttgart

Janke K (2010) Schnecken, Muscheln, Tintenfische an Nord- und Ostsee. Finden und Bestimmen. Quelle & Meyer, Wiebelsheim

Janke K, Kremer BP (2015) Düne, Strand und Wattenmeer. Tiere und Pflanzen unserer Küsten, 6. Aufl. Franckh-Kosmos, Stuttgart

Kretzschmar H (2013) Die Orchideen Deutschlands und angrenzender Länder, 2. Aufl. Quelle & Meyer, Wiebelsheim

Mägdefrau K (1992) Geschichte der Botanik. Leben und Leistung großer Forscher. Gustav Fischer, Stuttgart

Meurer H, Richarz K (2005) Von Werwölfen und Vampiren. Tiere zwischen Mythos und Wirklichkeit. Franckh-Kosmos, Stuttgart

Palla R, Habinger R (2003) Augentrost & Teufelskralle. Brändstätter, Wien

Schubert R, Wagner G (1984) Pflanzennamen und botanische Fachwörter. Wissenschaftliche Buchgesellschaft, Darmstadt

Suolathi H (2000) Die deutschen Vogelnamen: eine wortgeschichtliche Untersuchung. Unveränderter Nachdruck der Originalausgabe von 1909. Walter de Gruyter, Berlin

Wember V (2005) Die Namen der Vögel Europas. Bedeutung der deutschen und wissenschaftlichen Namen. Aula, Wiebelsheim

Werner FC (1972) Wortelemente lateinisch-griechischer Fachausdrücke in den biologischen Wissenschaften. Suhrkamp, Frankfurt

Westphal U (2015) Schräge Vögel. Begegnungen mit Rohrdommel, Ziegenmelker, Wiedehopf und anderen heimischen Vogelarten. Pala-Verlag, Darmstadt

Sachverzeichnis

Printed in the United States
By Bookmasters